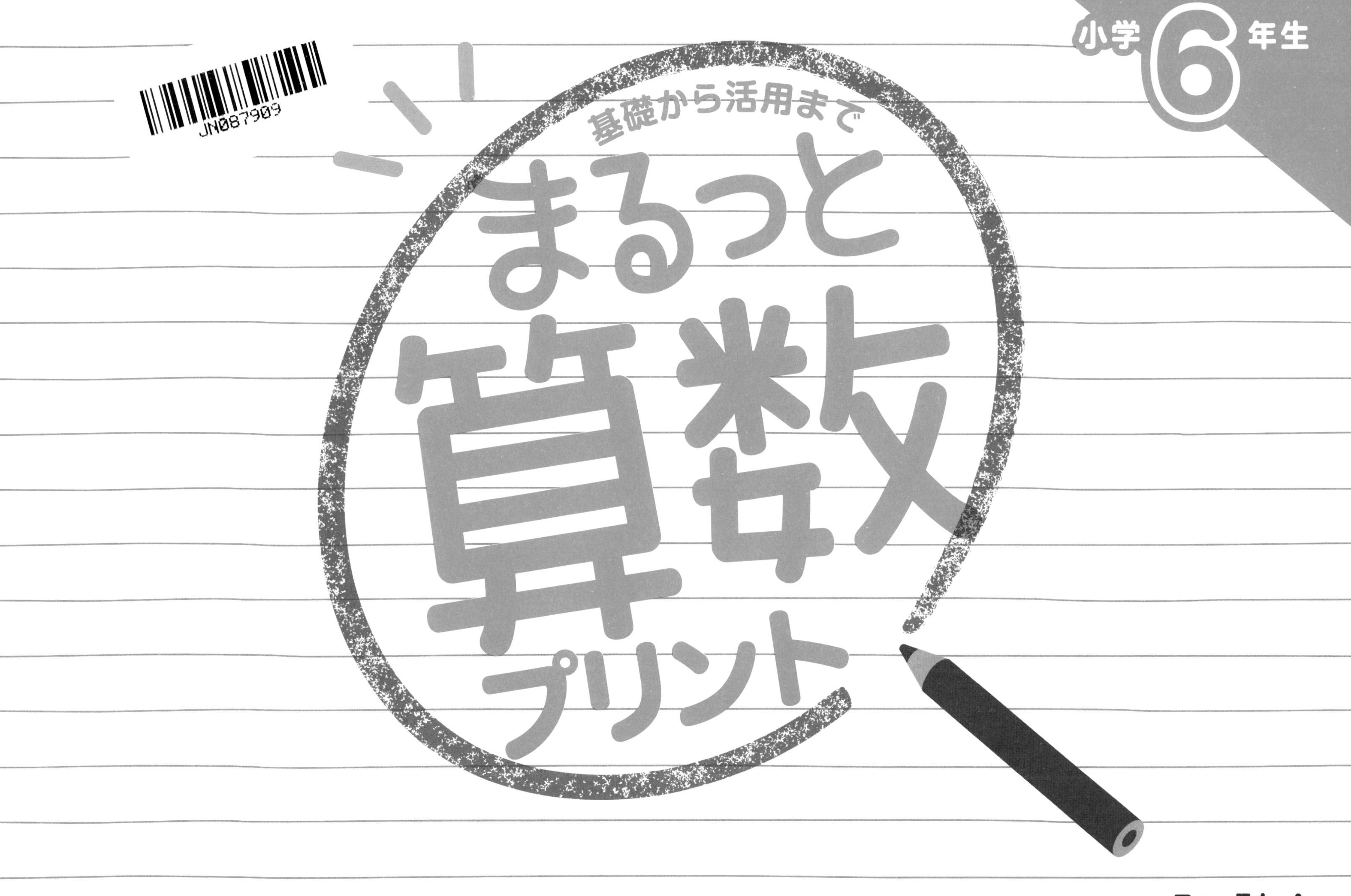

フォーラム・A

2020年4月からの新教育課程にあわせて編集したのが本書です。本シリーズは小学校の算数の内容をすべて取り扱っているので「まるっと算数プリント」と命名しました。

はじめて算数を学ぶ子どもたちも、ゆっくり安心して取り組めるように、問題の質や量を検討しました。算数の学習は積み重ねが大切だといわれています。1日10分、毎日の学習を続ければ、算数がおもしろくなり、自然と学習習慣も身につきます。

また、内容の理解がスムースにいくように、図を用いたりして、わかりやすいくわしい解説を心がけました。重点教材は、念入りにくり返して学習できるように配慮して、まとめの問題でしっかり理解できているかどうか確認できるようにしています。

各学年の内容を教科書にそって配列してありますので、日々の家庭学習にも十分使えます。

このようにして算数の基礎基本の部分をしっかり身につけましょう。

算数の内容は、これら基礎基本の部分と、それらを活用する力が問われます。教科書は、おもに低学年から中学年にかけて、計算力などの基礎基本の部分に重点がおかれています。中学年から高学年にかけて基礎基本を使って、それらを活用する力に重点が移ります。

本書は、活用する力を育てるために「特別ゼミ」のコーナーを新設しました。いろいろな問題を解きながら、算数の考え方にふれていくのが一番よい方法だと考えたからです。楽しみながらこれらの問題を体験して、活用する力を身につけましょう。

本書を、毎日の学習に取り入れていただき、算数に興味をもっていただくとともに活用する力も伸ばされることを祈ります。

特別ゼミ　規則性の発見

右のようなカレンダーから7でわったときのあまりによって曜日を分類します。1月1日から365日目は何曜日か考えます。

365÷7＝52　あまり　1

なので日曜日になります。

6年では中学への準備として、負の数や文字式についてのお話もあります。

日	月	火	水	木	金	土
1	2	3	4	5	6	7
8	9	10	11	12	13	14
15	16	17	18	19	20	21
22	23	24	25	26	27	28
29	30	31				

目　次

1 対称な図形 ①

学習日　月　日　名前

色をぬろう　わからない　だいたいできた　できた！

１本の直線を折り目にして２つ折りにしたとき、両側の部分がぴったり重なる図形を**線対称**（せんたいしょう）な図形といいます。

また、この直線を**対称の軸**（じく）といいます。

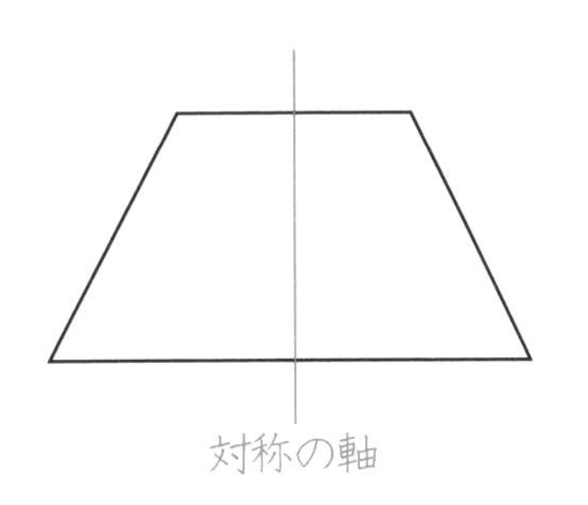

線対称な図形では、２つ折りにして重なりあう点、辺、角をそれぞれ、**対応する点**、**対応する辺**、**対応する角**といいます。

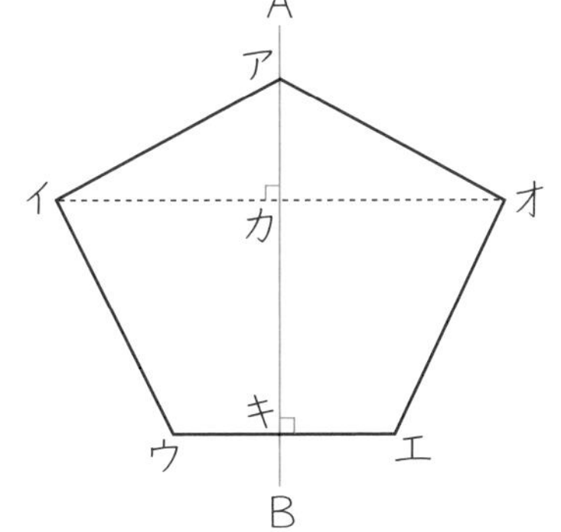

点イに対応する点は、点オです。
点ウに対応する点は、点エです。
辺アイに対応する辺は、辺アオです。
辺イウに対応する辺は、辺オエです。
辺ウキに対応する辺は、辺エキです。
角イに対応する角は、角オです。
角ウに対応する角は、角エです。

また、対応する点を結ぶ直線は、対称の軸と**垂直**（すいちょく）に交わります。

直線イオと直線ABは、垂直になります。
直線ウエと直線ABは、垂直になります。
対称の軸上の点と対応する点までの長さは**等しく**なります。

直線イカ＝直線オカ
直線ウキ＝直線エキ

1 線対称な図形に○をつけましょう。

1 対称な図形 ②

学習日　　月　　日　名前

色をぬろう　わからない　だいたいできた　できた!

1　図形アイウエは、ABを対称の軸とする線対称な図形です。

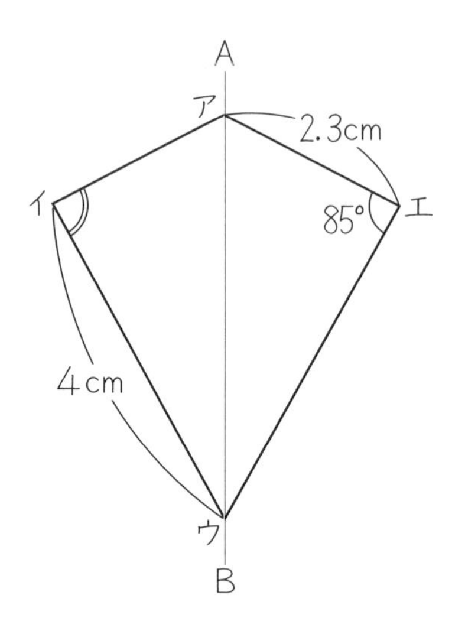

①　辺アイの長さは何cmですか。

答え ____________

②　辺ウエの長さは何cmですか。

答え ____________

③　角イの大きさは何度ですか。

答え ____________

2　図形アイウエオカは、ABを対称の軸とする線対称な図形です。

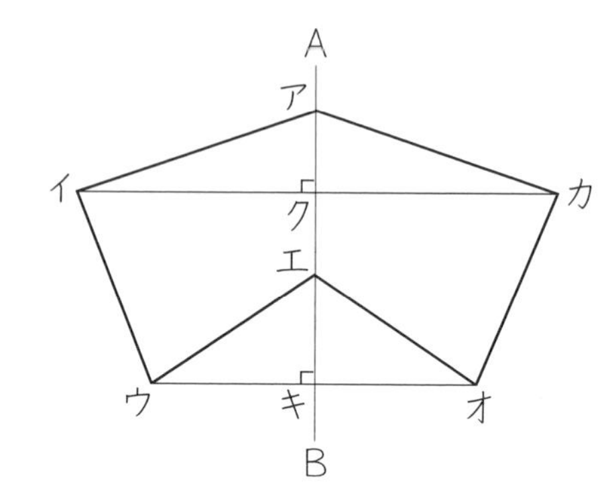

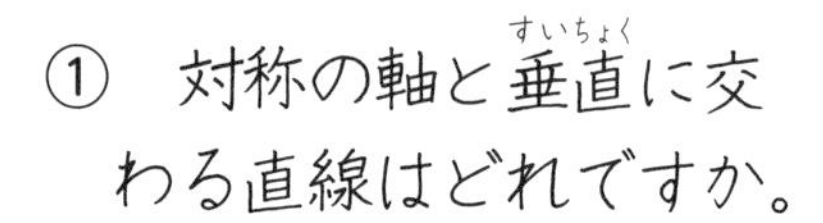

①　対称の軸と垂直に交わる直線はどれですか。

答え ____________

答え ____________

②　垂直に交わる直線で、直線クイと長さが等しい直線はどれですか。

直線クイ と ____________

③　垂直に交わる直線で、直線キウと長さが等しい直線はどれですか。

直線キウ と ____________

対称な図形 ③

名前

1 ABが対称(たいしょう)の軸(じく)となる線対称な図形をかきましょう。

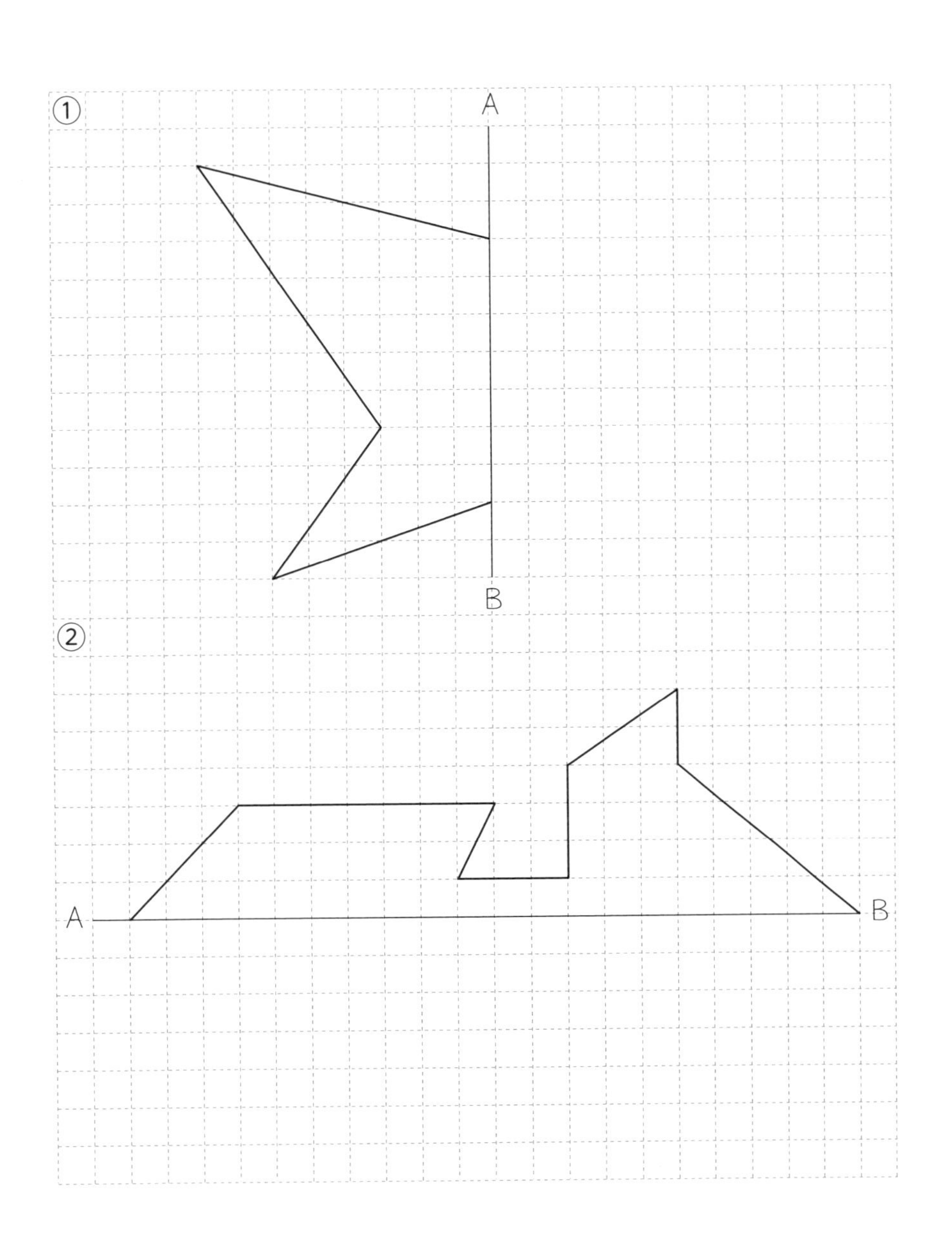

2 ABが対称の軸となる線対称な図形をかきましょう。

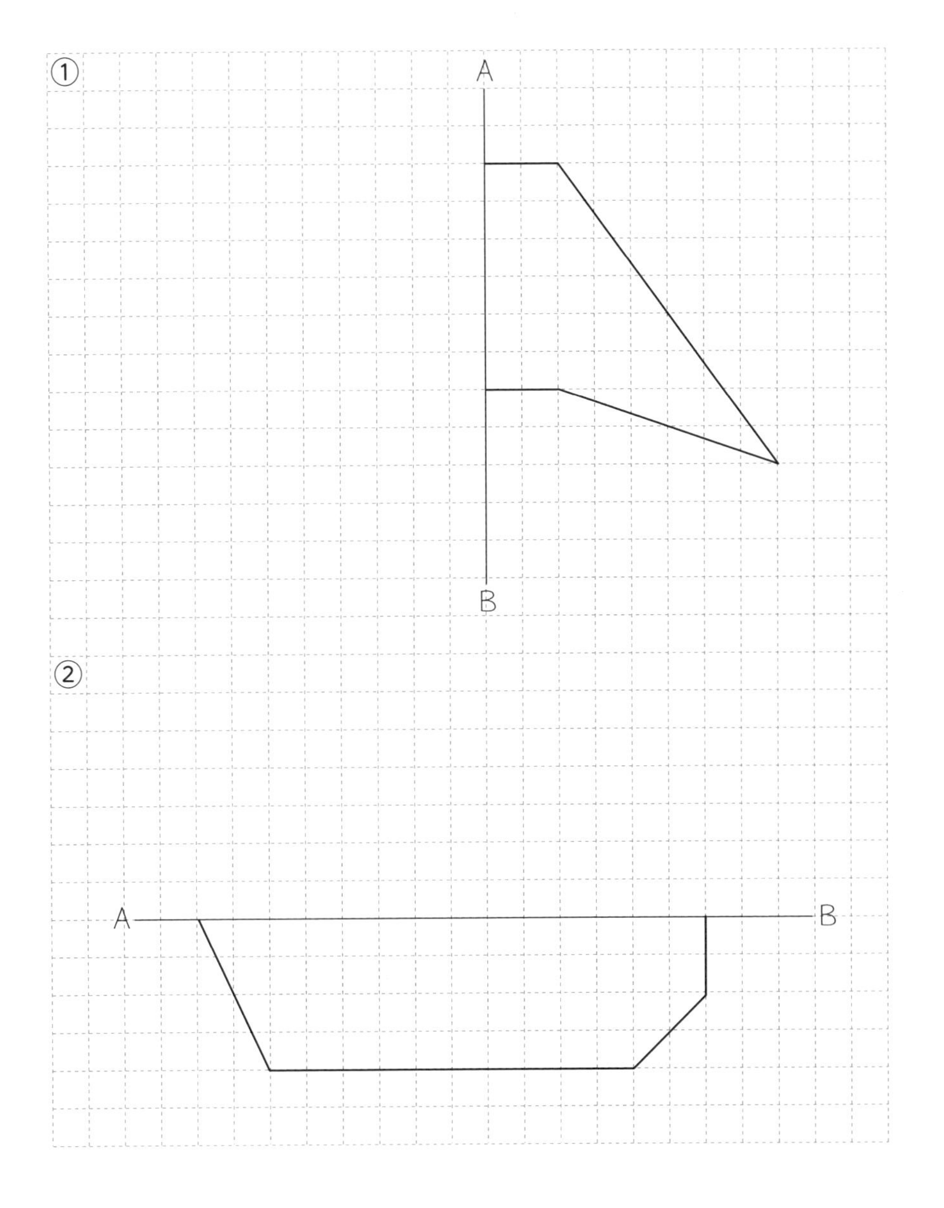

1 対称な図形 ④

学習日　月　日　名前

色をぬろう　わからない　だいたいできた　できた！

１つの点のまわりに180°回転させたとき、もとの図形にぴったり重なる図形を **点対称**（てんたいしょう）な図形といいます。この点を **対称の中心** といいます。

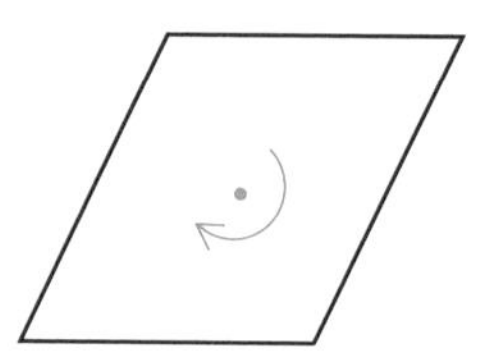

図は点Oを中心とする点対称な図形です。

対称の中心のまわりに180°回転したときに重なりあう点、辺、角をそれぞれ、**対応する点**、**対応する辺**、**対応する角** といいます。

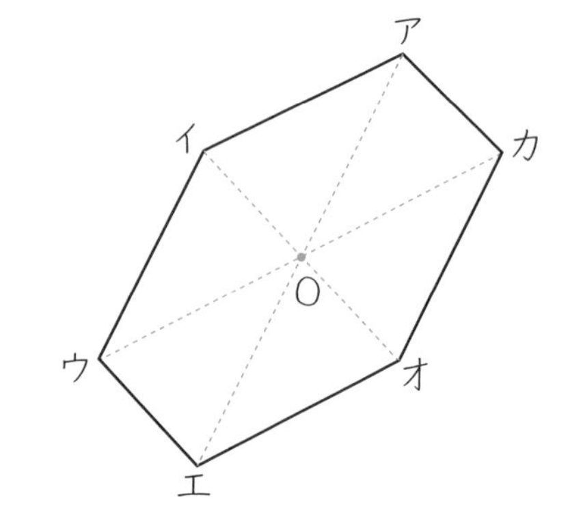

1 点対称な図形に○をつけましょう。

点アに対応する点は、点エです。
点イに対応する点は、点オです。
点ウに対応する点は、点カです。
辺アイに対応する辺は、辺エオです。
辺イウに対応する辺は、辺オカです。
辺ウエに対応する辺は、辺カアです。
角アに対応する角は、角エです。
角イに対応する角は、角オです。
角ウに対応する角は、角カです。

対応する点アとエを結ぶ直線は **対称の中心O** を通ります。

また、対称の中心Oから点アまでの長さと、Oから点エまでの長さは等しくなります。

直線アO＝直線エO

1 対称な図形 ⑤

学習日　月　日　名前

色をぬろう　わからない　だいたいできた　できた！

1 図は点対称な図形です。

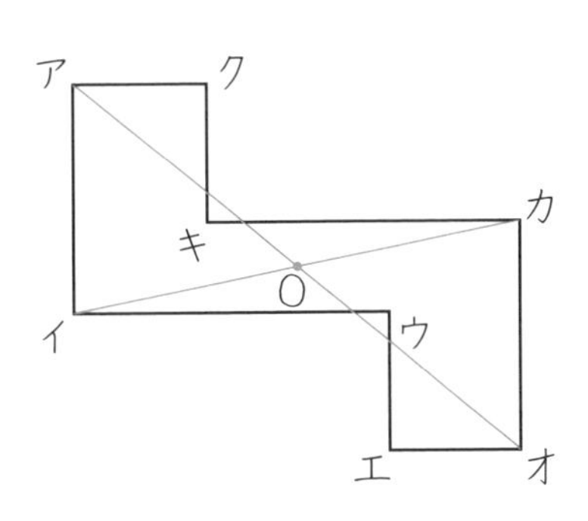

① 点アに対応する点はどれですか。

答え

② 点イに対応する点はどれですか。

答え

③ 辺オカの長さが2cmとします。辺アイの長さは何cmですか。

答え

④ 角アの大きさは90°です。角オの大きさは何度ですか。

答え

2 図は点対称な図形です。

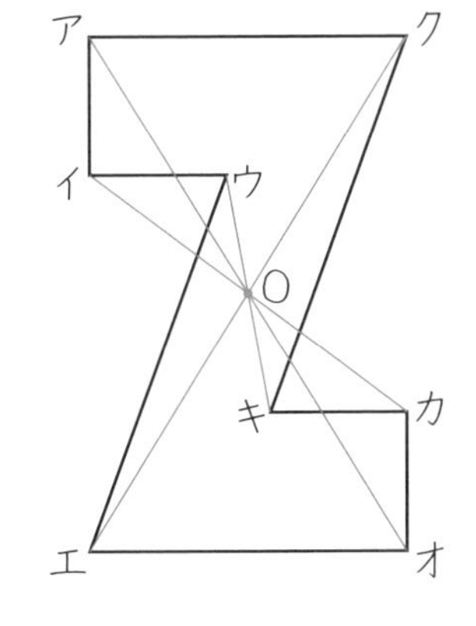

① 辺アイに対応する辺はどれですか。

答え

② 辺イウに対応する辺はどれですか。

答え

③ 直線クOと長さの等しい直線はどれですか。

答え

④ 直線イOと長さの等しい直線はどれですか。

答え

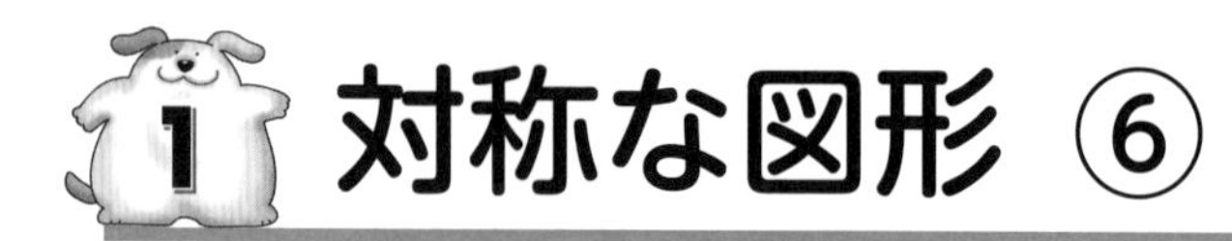

1 対称な図形 ⑥

名前

1 点Oを対称（たいしょう）の中心とする点対称な図形をかきましょう。

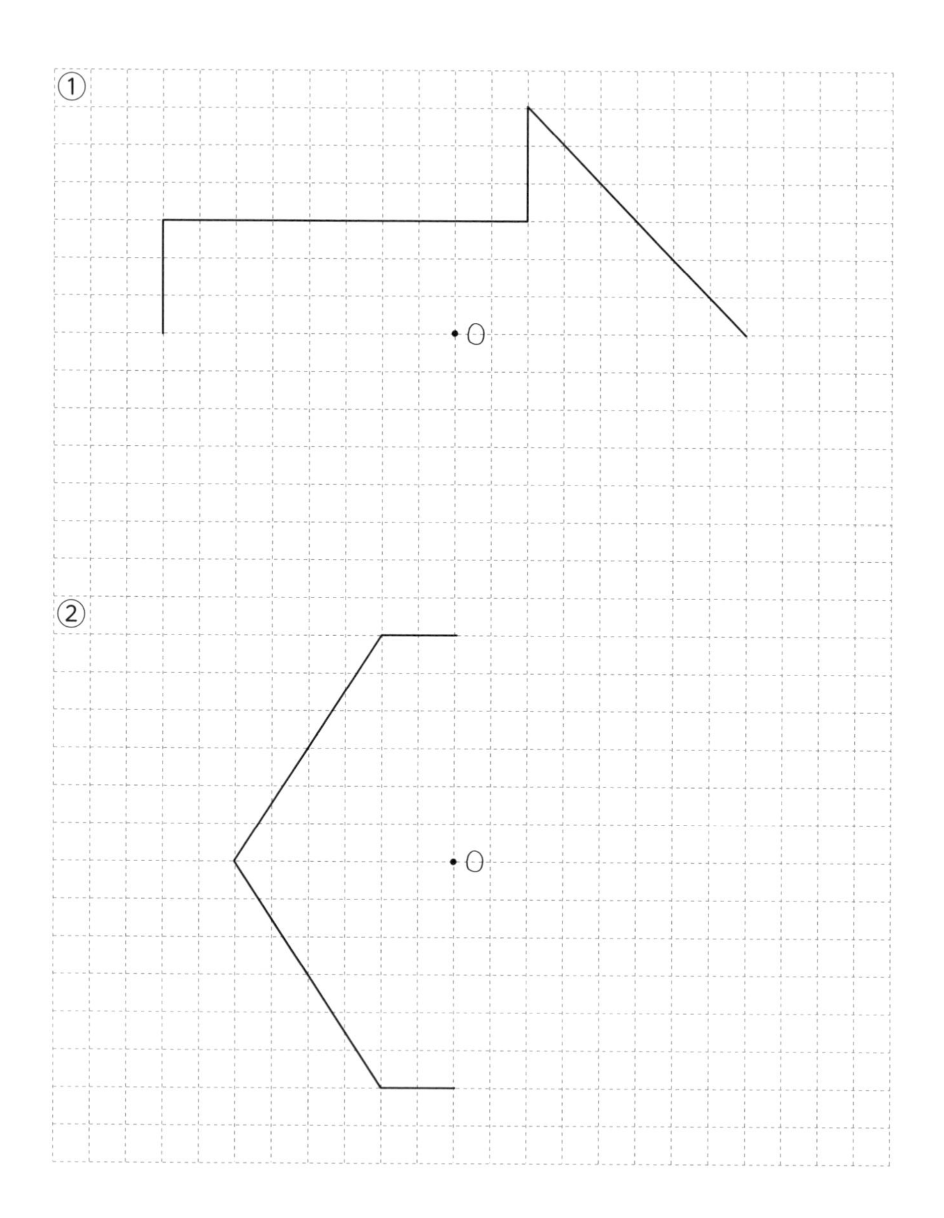

2 点Oを対称の中心とする点対称な図形をかきましょう。

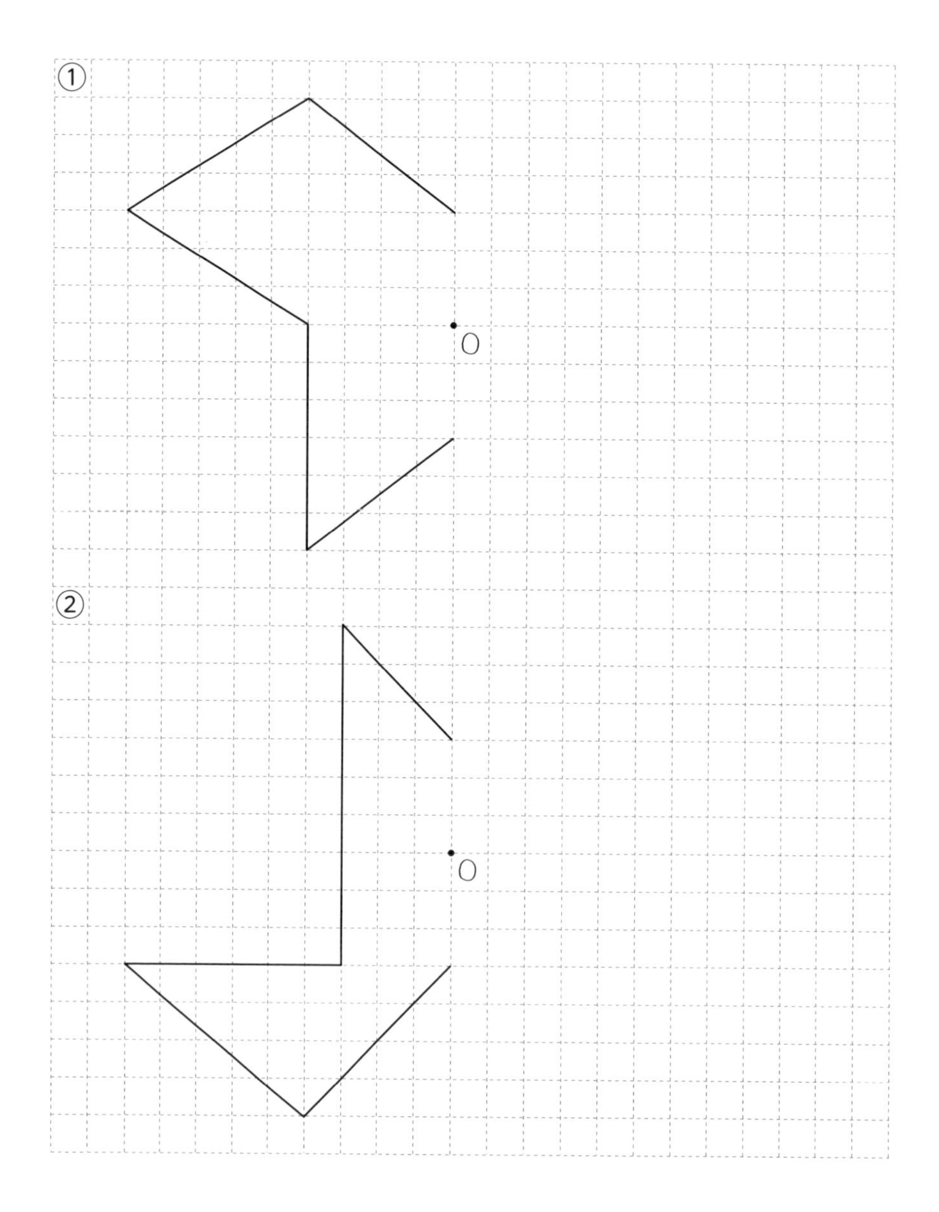

対称な図形 ⑦

名前

色をぬろう　わからない　だいたいできた　できた!

1 次の図形の対称性(たいしょうせい)について調べましょう。

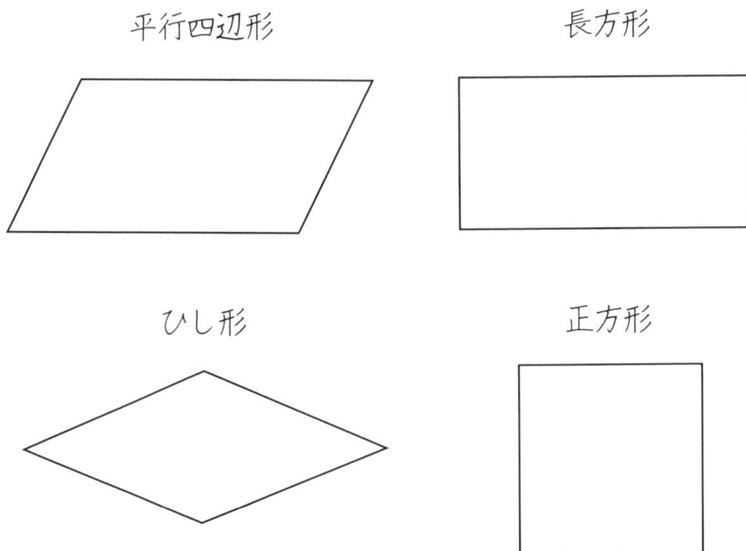

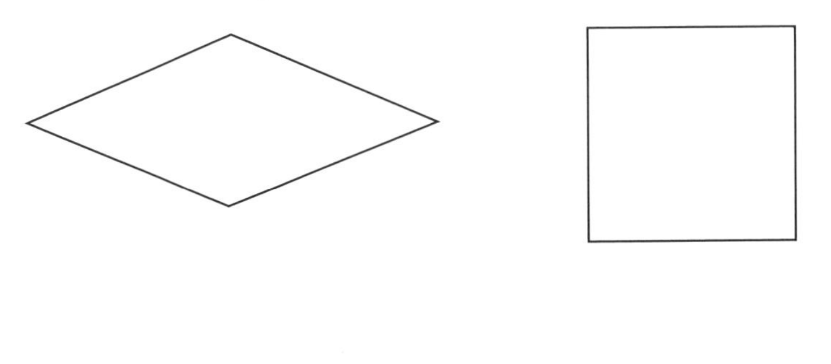

	線対称	対称の軸(じく)の数	点対称
平行四辺形	×	0	○
長方形			
ひし形			
正方形			

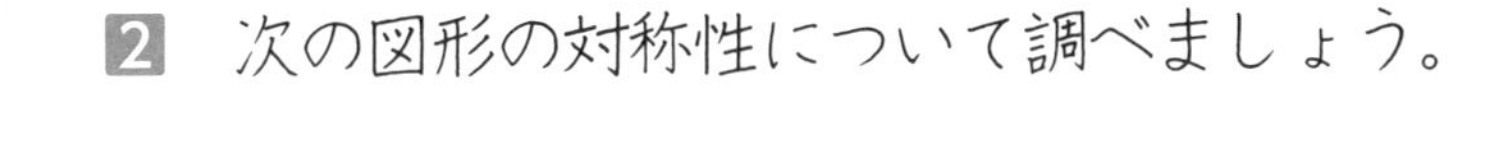

2 次の図形の対称性について調べましょう。

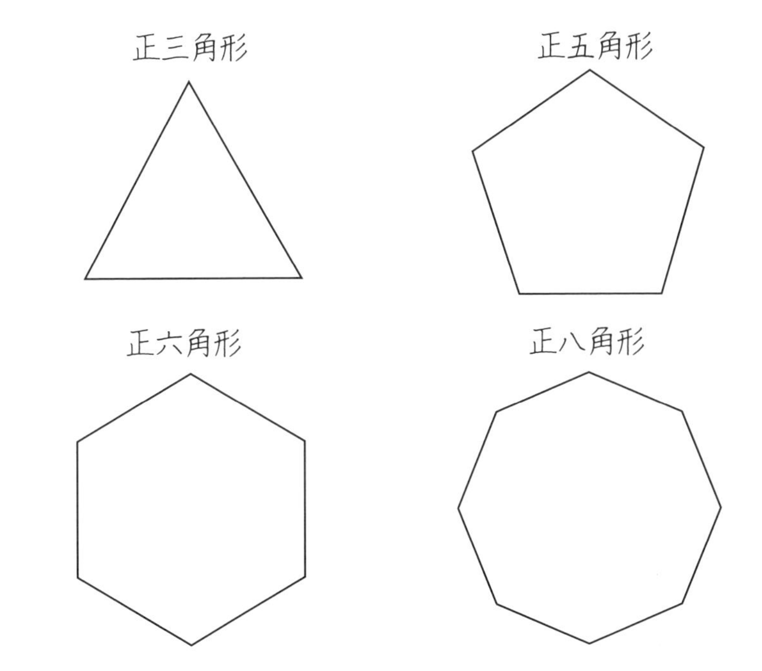

	線対称	対称の軸の数	点対称
正三角形	○	3	
正五角形			
正六角形			
正八角形			

1 対称な図形 ⑧ まとめ

学習日　月　日　名前　　　点　合格 80〜100点

1

上の三角形・四角形について、次のことを調べ、記号で答えましょう。

① 線対称(せんたいしょう)な図形はどれですか。　(10点)

答え

② 点対称な図形はどれですか。　(10点)

答え

③ 対称でない図形はどれですか。　(10点)

答え

④ 線対称で、対称の軸(じく)が１本なのはどれですか。　(10点)

答え

⑤ 線対称で、対称の軸が２本なのはどれですか。　(10点)

答え

2

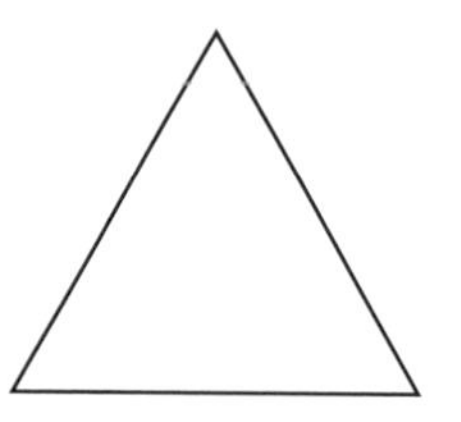

㋐ 正三角形

㋑ 正方形

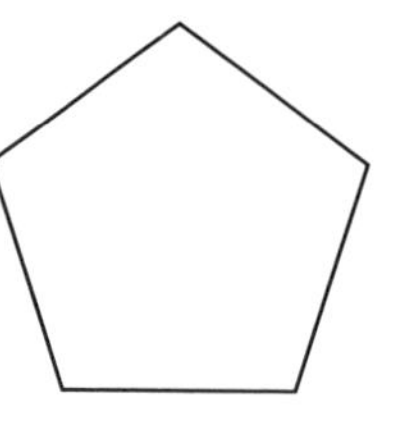

㋒ 正五角形

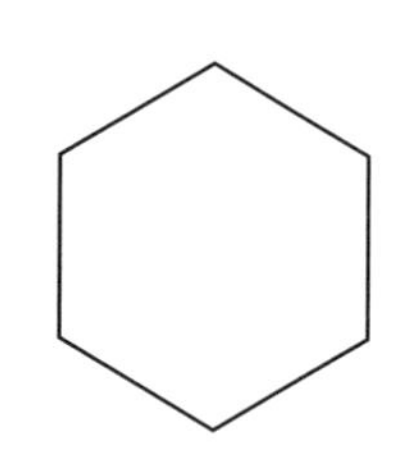

㋓ 正六角形

上の正多角形について、次のことを調べましょう。

① 線対称な図形はどれですか。記号で答えましょう。　(1つ5点)

答え

② 線対称な図形であり、点対称でもあるのはどれですか。記号で答えましょう。　(1つ5点)

答え

③ ㋒，㋓の対称の軸は、それぞれ何本ありますか。　(1つ5点)

答え　㋒　　㋓

④ ㋓の対称の中心をかき入れましょう。　(10点)

2 文字を使った式 ①

学習日　月　日
名前

色をぬろう　わからない　だいたいできた　できた！

1 1個350円のケーキがあります。

① このケーキを2個買ったとき、代金を求める式をかきましょう。

式 ＿＿＿＿＿＿＿＿

② このケーキを3個買ったとき、代金を求める式をかきましょう。

式 ＿＿＿＿＿＿＿＿

③ このケーキを□個買ったとき、代金を求める式をかきましょう。

式 ＿＿＿＿＿＿＿＿

④ このケーキをx個買ったとき、代金を求める式をかきましょう。

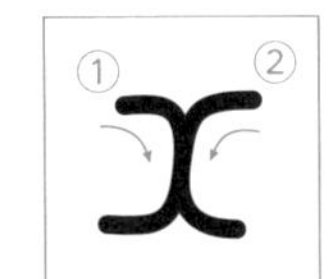

式 ＿＿＿＿＿＿＿＿

2 はば3cmのテープがあります。

① 横の長さ5cmで切ったとき、テープの面積を表す式をかきましょう。

式 ＿＿＿＿＿＿＿＿

② 横の長さ10cmで切ったとき、テープの面積を表す式をかきましょう。

式 ＿＿＿＿＿＿＿＿

③ 横の長さ□cmで切ったとき、テープの面積を表す式をかきましょう。

式 ＿＿＿＿＿＿＿＿

④ 横の長さ$x$cmで切ったとき、テープの面積を表す式をかきましょう。

式 ＿＿＿＿＿＿＿＿

2 文字を使った式 ②

名前

1 1個の重さがxgのかんづめ6個を、重さ300gの箱につめます。

① 全体の重さを表す式をかきましょう。

式 ＿＿＿＿＿＿＿＿

② xの値(あたい)が100gのとき、全体の重さを求めましょう。

式 ＿＿＿＿＿＿＿＿

答え ＿＿＿＿＿＿

③ xの値が200gのとき、全体の重さを求めましょう。

式 ＿＿＿＿＿＿＿＿

答え ＿＿＿＿＿＿

④ xの値が300gのとき、全体の重さを求めましょう。

式 ＿＿＿＿＿＿＿＿

答え ＿＿＿＿＿＿

2 縦(たて)が2m、横がxmの長方形の菜園があります。

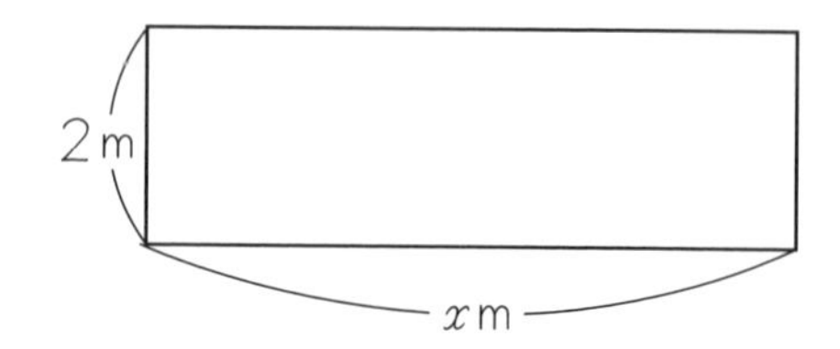

① 菜園のまわりの長さを求める式をかきましょう。

式 ＿＿＿＿＿＿＿＿

② xの値が6mのとき、まわりの長さを求めましょう。

式 ＿＿＿＿＿＿＿＿

答え ＿＿＿＿＿＿

③ xの値が8mのとき、まわりの長さを求めましょう。

式 ＿＿＿＿＿＿＿＿

答え ＿＿＿＿＿＿

④ xの値が10mのとき、まわりの長さを求めましょう。

式 ＿＿＿＿＿＿＿＿

答え ＿＿＿＿＿＿

2 文字を使った式 ③

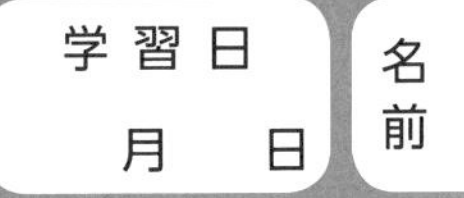

名前

1 底辺の長さ$x$cm、高さが6cmの平行四辺形の面積を$y$cm²とします。

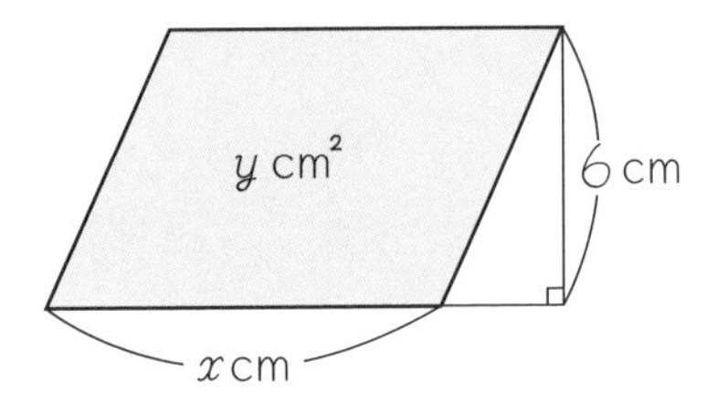

① yをxの式で表しましょう。

式　$y=$

② xの値が8cmのとき、yの値を求めましょう。

式

答え

③ xの値が10cmのとき、yの値を求めましょう。

式

答え

④ xの値が12cmのとき、yの値を求めましょう。

式

答え

2 1個350円のケーキがあります。
ケーキ8個まで入る箱は30円です。
ケーキをx個買って、箱に入れてもらい、その代金をy円とします。

① yをxの式で表しましょう。

式　$y=$

② xの値が4個のとき、yの値を求めましょう。

式

答え

③ xの値が6個のとき、yの値を求めましょう。

式

答え

④ xの値が8個のとき、yの値を求めましょう。

式

答え

2 文字を使った式 ④

学習日　月　日

名前

色をぬろう　わからない　だいたいできた　できた！

1 次の式で表される場面について考えます。

㋐ $y=20+x$　㋑ $y=20-x$

㋒ $y=20\times x$　㋓ $y=20\div x$

次の場面はどの式があてはまりますか。記号で答えましょう。

① 1個20円のあめをx個買ったときの代金がy円。

答え

② 20mのリボンがあります。
xmを使ったとき、残りがym。

答え

③ バスに20人が乗っていました。
停留所でx人が乗ったとき、バスの乗客はy人。

答え

④ 縦(たて)が$x$cm、横が$y$cmの長方形の面積が20cm²です。

答え

2 次の式で表される場面について考えます。

㋐ $y=30\times x$　㋑ $y=30\div x$

㋒ $y=30+x$　㋓ $y=30-x$

次の場面はどの式があてはまりますか。記号で答えましょう。

① 1日30ページずつx日間読書をしたときの読書の総ページ数がyページ。

答え

② 底辺が$x$cm、高さが$y$cmの平行四辺形の面積が30cm²です。

答え

③ 子どもが30人いて、大人がx人います。
全部でy人です。

答え

④ 30枚(まい)の折り紙のうち、x枚使いました。
残りの折り紙はy枚です。

答え

2 文字を使った式 ⑤

学習日　月　日　名前

1 底辺の長さ6cm、まわりの長さ22cmの二等辺三角形があります。等しい長さの辺を$x$cmとします。

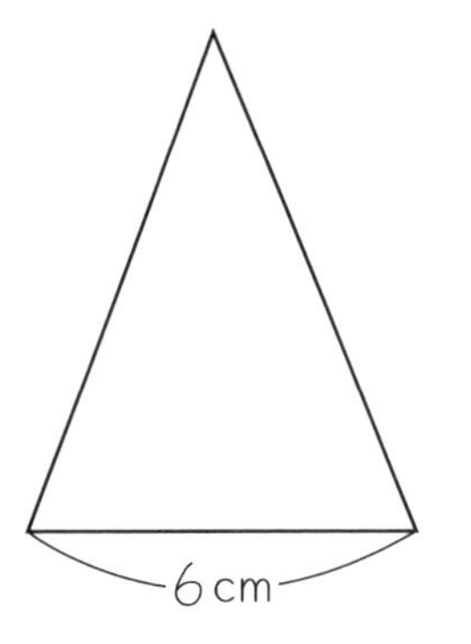

① 二等辺三角形のまわりの長さをxの式で表しましょう。

式

② 図を見てxの値(あたい)を求めましょう。

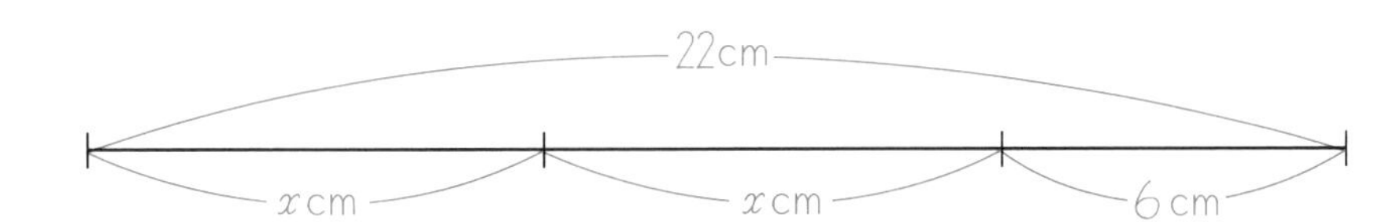

答え

2 まわりの長さが28cmの正方形があります。正方形の一辺の長さを$x$cmとします。

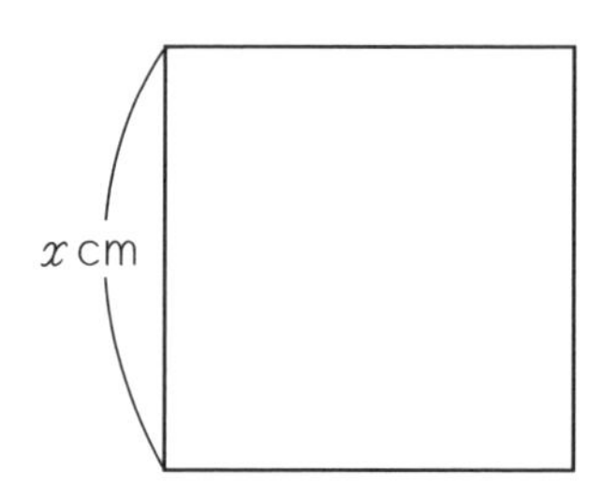

① 正方形のまわりの長さをxの式で表しましょう。

式

② 図を見てxの値を求めましょう。

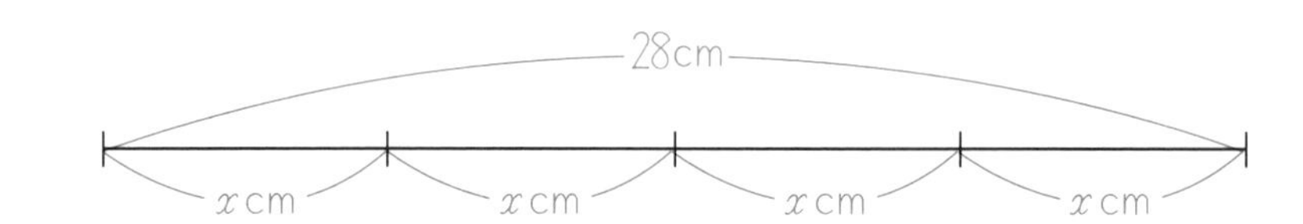

答え

3 分数のかけ算 ①

学習日　月　日　名前

色をぬろう　わからない　だいたいできた　できた！

1 1dLのペンキで $\frac{2}{5}$ m² のかべがぬれます。

$\frac{2}{3}$ dLでは、何m² のかべがぬれますか。

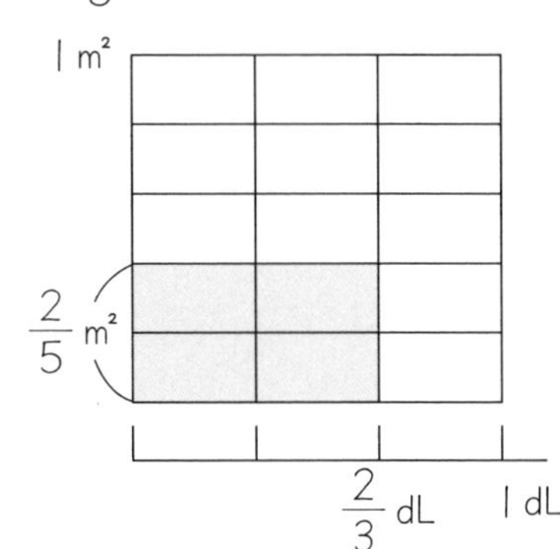

縦（たて）に5等分し、横に3等分すると□が 5×3＝15 個できます。$\frac{2}{5}\times\frac{2}{3}$ を表すのは■で4個。$\frac{4}{15}$ です。

式 $\frac{2}{5}\times\frac{2}{3}=\frac{2\times2}{5\times3}$

$=\frac{\quad}{\quad}$

答え ＿＿＿＿

2 1時間で $\frac{3}{5}$ aの花だんの手入れをします。$\frac{3}{4}$ 時間では何aの手入れができますか。

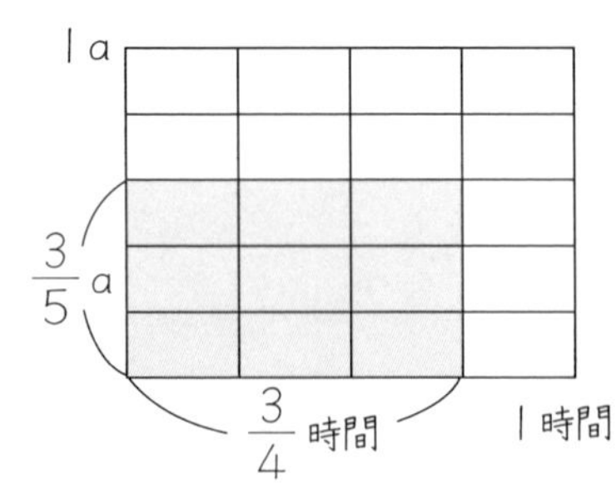

式 $\frac{3}{5}\times\frac{3}{4}=$ ＿＿＿＿

$=\frac{\quad}{\quad}$

答え ＿＿＿＿

3 次の計算をしましょう。

① $\frac{5}{7}\times\frac{3}{4}=$ ＿＿＿＿

② $\frac{5}{6}\times\frac{5}{7}=$

③ $\frac{7}{9}\times\frac{5}{8}=$

④ $\frac{9}{10}\times\frac{3}{7}=$

⑤ $\frac{4}{5}\times\frac{2}{9}=$

⑥ $\frac{5}{7}\times\frac{3}{8}=$

分数のかけ算 ②

学習日　月　日　名前

$$\frac{2}{7}\times 2=\frac{2\times 2}{7\times 1}=\frac{4}{7}$$

⬅ $2=\frac{2}{1}$ と考える

$$3\times\frac{1}{5}=\frac{3\times 1}{1\times 5}=\frac{3}{5}$$

⬅ $3=\frac{3}{1}$ と考える

1 次の計算をしましょう。答えが仮分数のとき、そのままでかまいません。

① $\frac{2}{3}\times 2=$ ______

② $\frac{3}{5}\times 4=$

③ $\frac{3}{7}\times 2=$

④ $\frac{3}{8}\times 3=$

2 次の計算をしましょう。答えが仮分数のとき、そのままでかまいません。

① $2\times\frac{2}{5}=$ ______

② $3\times\frac{1}{7}=$

③ $4\times\frac{2}{5}=$

④ $3\times\frac{1}{8}=$

3 分数のかけ算 ③

学習日　月　日　名前

$\frac{7}{8}\times\frac{4}{5}=\frac{7\times\cancel{4}^{1}}{{}_{2}\cancel{8}\times5}$ ←約分ができる

$=\frac{7}{10}$

$\frac{3}{10}\times\frac{1}{9}=\frac{{}^{1}\cancel{3}\times1}{10\times\cancel{9}_{3}}$ ←約分ができる

$=\frac{1}{30}$

1 次の計算をしましょう。とちゅう約分できるものは、約分します。

① $\frac{5}{9}\times\frac{3}{4}=$ ______

② $\frac{5}{6}\times\frac{2}{3}=$

③ $\frac{3}{8}\times\frac{6}{7}=$

④ $\frac{3}{4}\times\frac{4}{7}=$

2 次の計算をしましょう。とちゅう約分できるものは、約分します。

① $\frac{3}{5}\times\frac{2}{3}=$ ______

② $\frac{3}{4}\times\frac{1}{6}=$

③ $\frac{8}{9}\times\frac{5}{6}=$

④ $\frac{6}{7}\times\frac{5}{6}=$

分数のかけ算 ④

学習日　月　日　名前

1 次の計算をしましょう。

① $\frac{3}{4}\times\frac{5}{9}=$

② $\frac{7}{9}\times\frac{3}{10}=$

③ $\frac{3}{4}\times\frac{5}{6}=$

④ $\frac{4}{9}\times\frac{6}{7}=$

⑤ $\frac{3}{4}\times\frac{2}{5}=$

⑥ $\frac{5}{8}\times\frac{6}{7}=$

2 次の計算をしましょう。

① $\frac{4}{7}\times\frac{5}{6}=$

② $\frac{9}{14}\times\frac{7}{8}=$

③ $\frac{3}{8}\times\frac{5}{6}=$

④ $\frac{6}{7}\times\frac{5}{12}=$

⑤ $\frac{1}{9}\times\frac{3}{5}=$

⑥ $\frac{2}{7}\times\frac{7}{9}=$

分数のかけ算 ⑤

学習日　月　日　名前

$$\frac{3}{8}\times\frac{2}{3}=\frac{\overset{1}{\cancel{3}}\times\overset{1}{\cancel{2}}}{\underset{4}{\cancel{8}}\times\underset{1}{\cancel{3}}}=\frac{1}{4}$$

⬅2回約分

1 次の計算をしましょう。とちゅう約分できるものは、約分します。

① $\frac{4}{9}\times\frac{3}{8}=$

② $\frac{8}{15}\times\frac{5}{6}=$

③ $\frac{7}{15}\times\frac{5}{14}=$

④ $\frac{15}{28}\times\frac{4}{25}=$

2 次の計算をしましょう。とちゅう約分できるものは、約分します。

① $\frac{7}{8}\times\frac{6}{35}=$

② $\frac{14}{15}\times\frac{5}{8}=$

③ $\frac{16}{27}\times\frac{9}{20}=$

④ $\frac{4}{15}\times\frac{5}{16}=$

⑤ $\frac{9}{14}\times\frac{7}{12}=$

⑥ $\frac{4}{9}\times\frac{3}{16}=$

分数のかけ算 ⑥

学習日　月　日　名前

1 次の計算をしましょう。

① $\frac{4}{5}\times\frac{5}{12}=$

② $\frac{5}{9}\times\frac{3}{10}=$

③ $\frac{3}{8}\times\frac{4}{9}=$

④ $\frac{4}{5}\times\frac{5}{6}=$

⑤ $\frac{11}{15}\times\frac{5}{11}=$

⑥ $\frac{4}{21}\times\frac{7}{8}=$

2 次の計算をしましょう。

① $\frac{3}{10}\times\frac{5}{6}=$

② $\frac{9}{14}\times\frac{7}{18}=$

③ $\frac{3}{4}\times\frac{8}{9}=$

④ $\frac{3}{5}\times\frac{10}{27}=$

⑤ $\frac{5}{8}\times\frac{18}{25}=$

⑥ $\frac{5}{6}\times\frac{12}{15}=$

3 分数のかけ算 ⑦

学習日　月　日
名前

$$1\frac{1}{9}\times\frac{3}{4}=\frac{10}{9}\times\frac{3}{4}$$ ⬅仮分数に直す

$$=\frac{\overset{5}{\cancel{10}}\times\overset{1}{\cancel{3}}}{\underset{3}{\cancel{9}}\times\underset{2}{\cancel{4}}}$$ ⬅約分

$$=\frac{5}{6}$$

$$4\frac{1}{6}\times1\frac{1}{15}=\frac{25}{6}\times\frac{16}{15}$$ ⬅仮分数に直す

$$=\frac{\overset{5}{\cancel{25}}\times\overset{8}{\cancel{16}}}{\underset{3}{\cancel{6}}\times\underset{3}{\cancel{15}}}$$ ⬅約分

$$=\frac{40}{9}=4\frac{4}{9}$$ ⬅帯分数

1　次の計算をしましょう。答えが仮分数のときは、帯分数に直しましょう。

① $2\frac{1}{4}\times\frac{10}{21}=$

② $\frac{10}{27}\times3\frac{3}{5}=$

2　次の計算をしましょう。答えが仮分数のときは、帯分数に直しましょう。

① $3\frac{3}{7}\times1\frac{5}{9}=$

② $3\frac{3}{8}\times1\frac{7}{9}=$

3 分数のかけ算 ⑧

学習日　　月　　日　　名前

1　次の計算をしましょう。答えが仮分数のとき、帯分数に直しましょう。

① $4\frac{1}{2} \times \frac{4}{9} =$

② $\frac{16}{25} \times 3\frac{1}{8} =$

③ $2\frac{1}{10} \times \frac{2}{3} =$

④ $\frac{2}{3} \times 1\frac{1}{8} =$

2　次の計算をしましょう。答えが仮分数のとき、帯分数に直しましょう。

① $1\frac{1}{15} \times 3\frac{1}{8} =$

② $2\frac{2}{5} \times 1\frac{7}{8} =$

③ $1\frac{7}{8} \times 2\frac{2}{9} =$

④ $5\frac{5}{6} \times 2\frac{4}{7} =$

3 分数のかけ算 ⑨

学習日　月　日

名前

1 米 1kgには $\frac{3}{4}$kgのでんぷんがふくまれています。

米 $\frac{2}{3}$kgには何kgのでんぷんがふくまれていますか。

式

答え

2 1dLのペンキで $\frac{5}{4}$m²のへいがぬれます。

ペンキ $\frac{6}{5}$dLでは、何m²ぬれますか。

式

答え

3 縦(たて) $\frac{7}{8}$m、横 $\frac{5}{7}$mの長方形があります。

この長方形の面積を求めましょう。

式

答え

4 次の時間を求めましょう。

① $\frac{5}{6}$時間は何分ですか。

答え

② $\frac{3}{4}$時間は何分ですか。

答え

分数のかけ算 ⑩ まとめ

学習日　月　日
名前

1 次の計算をしましょう。（1つ10点）

① $\frac{2}{3} \times \frac{5}{7} =$

② $\frac{3}{4} \times \frac{1}{6} =$

③ $\frac{3}{5} \times \frac{1}{9} =$

④ $\frac{5}{9} \times \frac{3}{10} =$

⑤ $\frac{3}{8} \times \frac{4}{9} =$

⑥ $2\frac{1}{2} \times \frac{1}{10} =$

2 次の時間を求めましょう。（1つ10点）

① $\frac{4}{5}$時間は何分ですか。

答え

② $\frac{1}{30}$時間は何分ですか。

答え

3 1 m^2あたり $\frac{3}{7}$Lの水をまきます。$\frac{3}{4}m^2$の畑では、何Lの水がいりますか。（式10点、答え10点）

式

答え

分数のわり算 ①

学習日　月　日　名前

色をぬろう　わからない　だいたいできた　できた！

1 $\frac{2}{5}$m² のかべをぬるのに、ペンキ $\frac{3}{4}$ dL使います。
ペンキ１dLでは、何m² のかべがぬれますか。

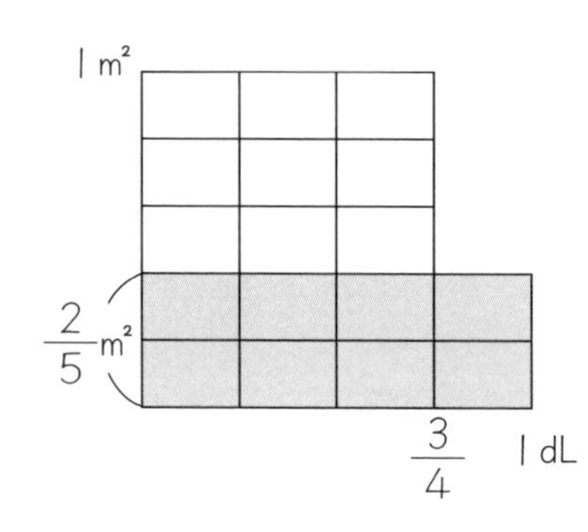

左の［］１つ分の大きさは $\frac{1}{15}$ です。１dLでぬれるのは８個分で $\frac{8}{15}$ です。

計算は、わる数の逆数をかけて求めます。

式 $\frac{2}{5} \div \frac{3}{4} = \frac{2}{5} \times \frac{4}{3}$

$= \frac{\quad}{\quad}$

$=$

答え

2 次の計算をしましょう。答えが仮分数のとき、そのままでかまいません。

① $\frac{7}{4} \div \frac{8}{9} =$

② $\frac{9}{7} \div \frac{4}{5} =$

③ $\frac{7}{6} \div \frac{3}{5} =$

④ $\frac{3}{4} \div \frac{5}{7} =$

4 分数のわり算 ②

学習日　月　日　名前

$$\frac{2}{3} \div 5 = \frac{2}{3} \div \frac{5}{1} = \frac{2}{3} \times \frac{1}{5} = \frac{2 \times 1}{3 \times 5} = \frac{2}{15}$$

5は$\frac{5}{1}$

$$3 \div \frac{2}{3} = \frac{3}{1} \div \frac{2}{3} = \frac{3}{1} \times \frac{3}{2} = \frac{3 \times 3}{1 \times 2} = \frac{9}{2}$$

3は$\frac{3}{1}$

1 次の計算をしましょう。

① $\frac{5}{9} \div 4 =$

② $\frac{1}{7} \div 2 =$

2 次の計算をしましょう。答えが仮分数のとき、そのままでかまいません。

① $5 \div \frac{3}{4} =$

② $7 \div \frac{2}{3} =$

4 分数のわり算 ③

学習日　月　日　名前

色をぬろう　わからない　だいたいできた　できた！

$$\frac{4}{5} \div \frac{2}{3} = \frac{4}{5} \times \frac{3}{2}$$ ⬅逆数をかける

$$= \frac{\overset{2}{\cancel{4}} \times 3}{5 \times \underset{1}{\cancel{2}}}$$ ⬅約分

$$= \frac{6}{5}$$

$$\frac{7}{10} \div \frac{5}{12} = \frac{7}{10} \times \frac{12}{5}$$ ⬅逆数をかける

$$= \frac{7 \times \overset{6}{\cancel{12}}}{\underset{5}{\cancel{10}} \times 5}$$ ⬅約分

$$= \frac{42}{25}$$

1 次の計算をしましょう。答えが仮分数のとき、そのままでかまいません。

① $\frac{7}{9} \div \frac{14}{25} =$

② $\frac{3}{8} \div \frac{9}{5} =$

2 次の計算をしましょう。答えが仮分数のとき、そのままでかまいません。

① $\frac{7}{15} \div \frac{9}{10} =$

② $\frac{6}{7} \div \frac{5}{14} =$

4 分数のわり算 ④

学習日　月　日

名前

1 次の計算をしましょう。答えが仮分数のとき、そのままでかまいません。

① $\frac{8}{9} \div \frac{7}{15} =$

② $\frac{3}{4} \div \frac{5}{8} =$

③ $\frac{2}{9} \div \frac{5}{6} =$

④ $\frac{7}{8} \div \frac{3}{4} =$

2 次の計算をしましょう。答えが仮分数のとき、そのままでかまいません。

① $\frac{2}{7} \div \frac{4}{5} =$

② $\frac{2}{5} \div \frac{6}{7} =$

③ $\frac{5}{9} \div \frac{5}{7} =$

④ $\frac{5}{6} \div \frac{5}{7} =$

4 分数のわり算 ⑤

学習日　月　日　名前

$$\frac{3}{4} \div \frac{9}{8} = \frac{3}{4} \times \frac{8}{9}$$ ⬅逆数をかける

$$= \frac{\overset{1}{\cancel{3}} \times \overset{2}{\cancel{8}}}{\underset{1}{\cancel{4}} \times \underset{3}{\cancel{9}}}$$ ⬅約分2回

$$= \frac{2}{3}$$

1 次の計算をしましょう。

① $\frac{2}{5} \div \frac{8}{15} =$

② $\frac{3}{7} \div \frac{9}{14} =$

2 次の計算をしましょう。答えが仮分数のとき、そのままでかまいません。

① $\frac{3}{5} \div \frac{9}{25} =$

② $\frac{7}{8} \div \frac{7}{4} =$

③ $\frac{4}{9} \div \frac{8}{9} =$

④ $\frac{2}{3} \div \frac{8}{15} =$

4 分数のわり算 ⑥

学習日　月　日　名前

1 次の計算をしましょう。答えが仮分数のとき、そのままでかまいません。

① $\frac{8}{9} \div \frac{20}{21} =$

② $\frac{15}{16} \div \frac{9}{10} =$

③ $\frac{8}{21} \div \frac{6}{35} =$

④ $\frac{10}{21} \div \frac{14}{15} =$

2 次の計算をしましょう。答えが仮分数のとき、そのままでかまいません。

① $\frac{14}{15} \div \frac{8}{9} =$

② $\frac{15}{16} \div \frac{9}{20} =$

③ $\frac{5}{9} \div \frac{25}{27} =$

④ $\frac{8}{25} \div \frac{12}{35} =$

4 分数のわり算 ⑦

学習日　月　日　名前

$$2\frac{5}{8} \div 1\frac{1}{6} = \frac{21}{8} \div \frac{7}{6}$$ ←仮分数に

$$= \frac{\overset{3}{\cancel{21}} \times \overset{3}{\cancel{6}}}{\underset{4}{\cancel{8}} \times \underset{1}{\cancel{7}}}$$ ←約分

$$= \frac{9}{4} = 2\frac{1}{4}$$ ←帯分数に

1 次の計算をしましょう。答えが仮分数のときは、帯分数に直しましょう。

① $2\frac{1}{4} \div 2\frac{1}{10} =$

② $1\frac{1}{6} \div 2\frac{5}{8} =$

2 次の計算をしましょう。答えが仮分数のときは、帯分数に直しましょう。

① $2\frac{1}{10} \div 2\frac{1}{4} =$

② $2\frac{1}{3} \div 1\frac{1}{6} =$

③ $1\frac{7}{8} \div 1\frac{1}{4} =$

4 分数のわり算 ⑧

学習日　　月　　日　名前

色をぬろう　わからない　だいたいできた　できた！

1 次の計算をしましょう。答えが仮分数のとき、帯分数に直しましょう。

① $2\frac{2}{5} \div 1\frac{1}{15} =$

② $4\frac{1}{6} \div 1\frac{1}{9} =$

③ $2\frac{11}{12} \div 2\frac{7}{9} =$

2 次の計算をしましょう。答えが仮分数のとき、帯分数に直しましょう。

① $1\frac{1}{14} \div 1\frac{4}{21} =$

② $1\frac{5}{9} \div 1\frac{1}{6} =$

③ $1\frac{7}{8} \div 2\frac{1}{12} =$

4 分数のわり算 ⑨

学習日　月　日

名前

1 1mの重さが$2\frac{2}{5}$kgの銅管があります。

この銅管の重さが$3\frac{3}{5}$kgのとき長さは何mですか。

式

答え

2 $1\frac{1}{7}$m²のかべに$2\frac{2}{3}$dLのペンキをぬります。

1dLでは何m²ぬれますか。

式

答え

3 $\frac{5}{9}$m²の銅板の重さは$3\frac{1}{3}$kgです。

この銅板1m²の重さは何kgですか。

式

答え

4 $\frac{8}{9}$m²の畑を$\frac{2}{7}$時間で耕しました。

1時間あたり何m²耕したことになりますか。

式

答え

分数のわり算 ⑩

学習日　月　日　名前

$$\frac{5}{6} \div \frac{5}{8} \times \frac{3}{4} = \frac{5}{6} \times \frac{8}{5} \times \frac{3}{4}$$

$$= \frac{\overset{1}{\cancel{5}} \times \overset{2}{\cancel{8}} \times \overset{1}{\cancel{3}}}{\underset{2}{\cancel{6}} \times \underset{1}{\cancel{5}} \times \underset{1}{\cancel{4}}}$$

$$= 1$$

1 次の計算をしましょう。

① $\frac{5}{8} \div \frac{5}{9} \div \frac{3}{4} =$

② $\frac{3}{4} \div \frac{1}{4} \div \frac{6}{7} =$

2 次の計算をしましょう。

① $\frac{4}{9} \div \frac{6}{7} \div \frac{8}{15} =$

② $\frac{2}{3} \times \frac{1}{8} \div \frac{7}{9} =$

③ $\frac{5}{4} \times \frac{8}{15} \div \frac{2}{7} =$

分数のわり算 ⑪

学習日　月　日　名前

$$0.3 \div \frac{3}{5} = \frac{3}{10} \div \frac{3}{5} = \frac{3}{10} \times \frac{5}{3} = \frac{3 \times 5}{10 \times 3} = \frac{1}{2}$$

0.3は$\frac{3}{10}$

1 次の計算をしましょう。

① $\frac{1}{2} \times \frac{3}{7} \div 0.9 =$

② $\frac{3}{10} \times \frac{7}{20} \div 0.3 =$

2 赤、青、黄色の３本のテープがあります。
赤のテープは長さが$\frac{1}{2}$m、青のテープは$\frac{5}{4}$m、黄色のテープは$\frac{7}{6}$mです。

① 赤いテープをもとにすると、青いテープは何倍ですか。

式

答え

② 赤いテープをもとにすると、黄色いテープは何倍ですか。

式

答え

4 分数のわり算 ⑫ まとめ

学習日　月　日　名前

1 次の計算をしましょう。（1つ10点）

① $\frac{2}{7} \div \frac{4}{5} =$

② $\frac{2}{5} \div \frac{6}{7} =$

③ $\frac{3}{4} \div \frac{9}{8} =$

④ $\frac{3}{10} \div \frac{9}{25} =$

2 $\frac{3}{7}m^2$ のかべをぬるのに、ペンキを $\frac{4}{3}$ dL使いました。ペンキ1dLでは、何 m^2 ぬれますか。（式10点、答え10点）

式

答え

3 $\frac{6}{7}$ Lの水を $\frac{3}{5}m^2$ の畑に同じようにまきました。1 m^2 あたり何Lの水をまいたことになりますか。（式10点、答え10点）

式

答え

4 1 m^2 の畑から $1\frac{1}{3}$ kgのじゃがいもがとれます。

$5\frac{1}{9}$ kgのじゃがいもをとるには、何 m^2 の畑がいりますか。（式10点、答え10点）

式

答え

5 比とその利用 ①

学習日　月　日　名前

すを２カップ、サラダ油を３カップまぜて、ドレッシングをつくります。

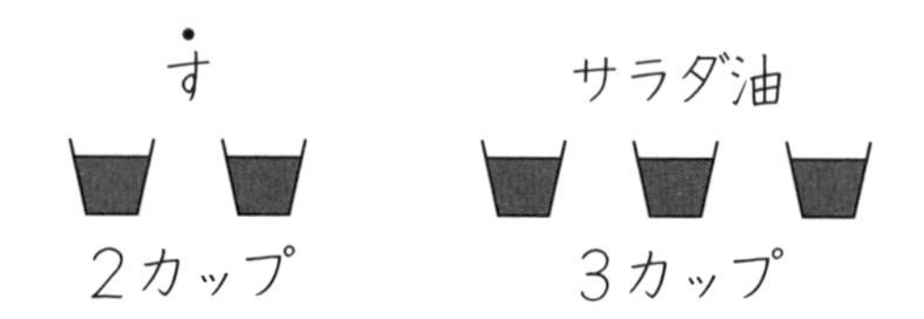

このドレッシングは、すとサラダ油が、２と３の割合(わりあい)でまざっています。これを **２：３** と表し、**２対３** と読みます。このように表された割合を **比** といいます。

1 次の割合を比で表しましょう。

① すを３カップ、サラダ油５カップまぜたドレッシングのすとサラダ油の比。

答え ______

② 縦(たて)５cm、横６cmの長方形の縦と横の長さの比。

答え ______

比で表すときは枚(まい)やmLなどの単位はつけません。

2 次の割合を比で表しましょう。

① 60g　,　30g

答え ______

② ５m　,　６m

答え ______

③ 40本　,　30本

答え ______

④ 24枚　,　16枚

答え ______

⑤ ３L　,　４L

答え ______

5 比とその利用 ②

学習日　月　日　名前

すとサラダ油をまぜて、ドレッシングをつくるとき、まぜる割合(わりあい)が等しいとき、ドレッシングの味も同じになります。

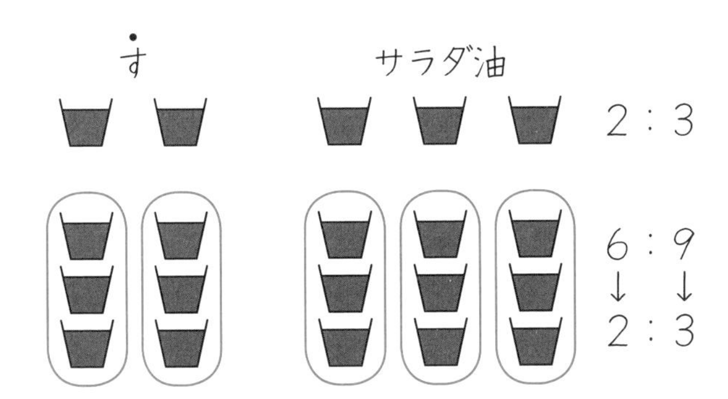

図のように、6：9＝2：3 ですから、2つの等しい比には、次のような関係があります。

$$6:9 = 2:3$$

（÷3、÷3／×3、×3）

同じ数で、わったり、かけたりすることで等しい比をつくることができます。

1 等しい比をつくり、□にあてはまる数をかきましょう。

① 3：5 ＝ 6：□

② 10：5 ＝ 2：□

③ 5：2 ＝ 15：□

④ 12：8 ＝ 3：□

⑤ 9：18 ＝ 1：□

※等しい比　2：3＝6：9 の **比の値(あたい)** は

$2:3 \rightarrow 2 \div 3 = \frac{2}{3}$,

$6:9 \rightarrow 6 \div 9 = \frac{6}{9} = \frac{2}{3}$

となり、等しくなります。

5 比とその利用 ③

学習日　月　日　名前

比 15：9 があります。15のことを前項(ぜんこう)、9のことを後項(こうこう)といいます。前項と後項をそれぞれ3でわって

$$15:9=5:3 \quad (\div 3)$$

と簡単(かんたん)な比で表すことができます。これを比を簡単にするといいます。

1 次の比を簡単にしましょう。

① 16：28 ＝ 4：□

② 15：21 ＝ □：7

③ 14：49 ＝ 2：□

④ 26：39 ＝ □：3

2 次の比を簡単にしましょう。

① 20：15 ＝

② 6：18 ＝

③ 8：12 ＝

④ 18：15 ＝

⑤ 24：16 ＝

⑥ 36：24 ＝

5 比とその利用 ④

学習日　月　日　名前

色をぬろう　わからない　だいたいできた　できた！

比 0.4 : 0.8 のように、小数で表す場合があります。
このとき前項(ぜんこう)、後項(こうこう)をそれぞれ10倍して

$$0.4 : 0.8 = 4 : 8$$ ⬅10倍する
$$= 1 : 2$$

と整数の簡単(かんたん)な比で表すことができます。

1 次の比を簡単な整数の比で表しましょう。

① 0.5 : 0.6 ＝

② 0.2 : 0.7 ＝

③ 1.4 : 1.3 ＝

④ 0.2 : 0.5 ＝

2 次の比を簡単な整数の比で表しましょう。

① 0.2 : 0.6 ＝

② 0.9 : 0.3 ＝

③ 0.5 : 1.5 ＝

④ 1.6 : 2.4 ＝

⑤ 2.1 : 3.5 ＝

⑥ 3.6 : 1.2 ＝

比とその利用 ⑤

学習日　月　日　名前

色をぬろう　わからない　だいたいできた　できた！

比 $\frac{1}{8}:\frac{1}{4}$ のように分数で表す場合があります。
このとき通分して、分子どうしの等しい比をつくります。

$$\frac{1}{8}:\frac{1}{4}=\frac{1}{8}:\frac{2}{8}$$ ⬅通分

$$=1:2$$ ⬅分子どうし

1 次の比を簡単(かんたん)な整数の比で表しましょう。

① $\frac{2}{9}:\frac{5}{9}=$

② $\frac{2}{3}:\frac{1}{6}=$

③ $\frac{3}{4}:\frac{5}{6}=$

2 次の比を簡単な整数の比で表しましょう。

① $\frac{2}{3}:\frac{1}{4}=$

② $\frac{2}{5}:\frac{1}{3}=$

③ $\frac{1}{4}:\frac{3}{8}=$

④ $\frac{5}{6}:\frac{5}{9}=$

⑤ $\frac{2}{7}:\frac{2}{21}=$

⑥ $\frac{7}{12}:\frac{7}{18}=$

5 比とその利用 ⑥

学習日　月　日　名前

色をぬろう　わからない　だいたいできた　できた！

1 次の割合(わりあい)を簡単(かんたん)な整数の比で表しましょう。

① 岸さんは12m、林さんは４ｍのひもを持っています。岸さんと林さんのひもの長さの比を求めましょう。

答え

② 私(わたし)の体重は48kgで、父の体重は64kgです。私と父と体重の比を求めましょう。

答え

③ プールで100ｍを、林さんは２分８秒で、森さんは１分56秒で泳ぎました。林さんと森さんのかかった時間の比を表しましょう。

答え

2 次の割合を簡単な整数の比で表しましょう。

① 辺アイと辺イウと辺アウの長さの比

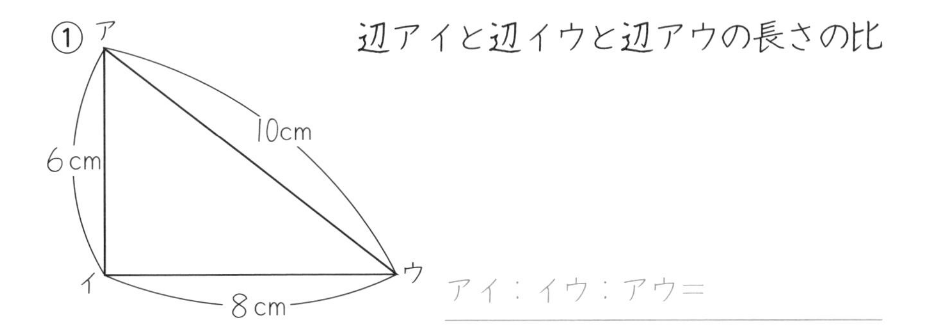

アイ：イウ：アウ＝

② 辺アイと辺イウと辺アウの長さの比

アイ：イウ：アウ＝

③ 縦(たて)、横、高さの比

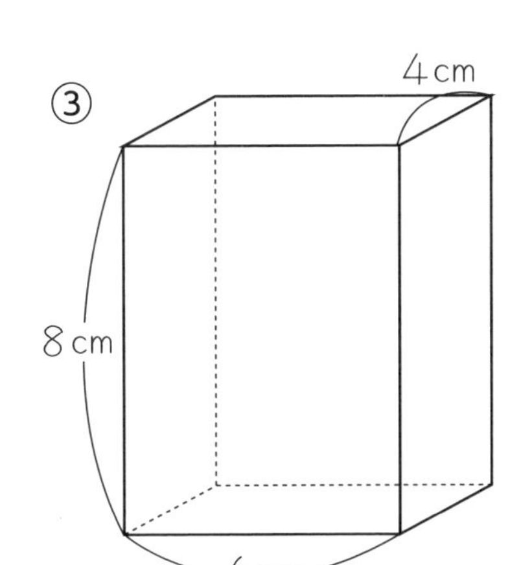

縦：横：高さ＝

5 比とその利用 ⑦

学習日　月　日　名前

色をぬろう　わからない　だいたいできた　できた！

1 縦３ｍ、横８ｍの長方形があります。

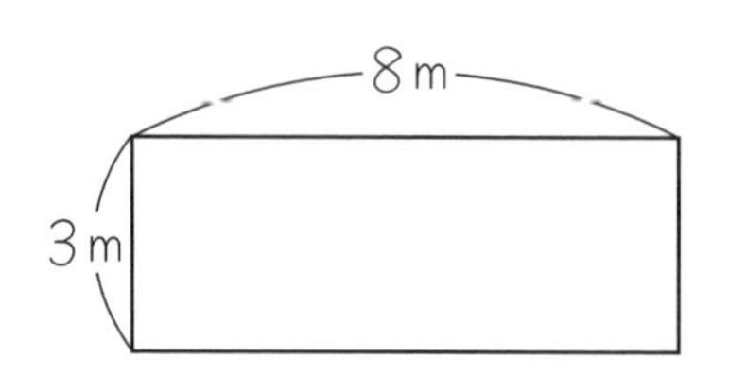

① 長方形の縦と横の長さの比を求めましょう。

縦：横＝＿＿＿＿＿＿

② 縦と横の比を変えずに、縦の長さを６ｍにすると横の長さは何ｍですか。

式　３：８ ＝ ６：□

答え＿＿＿＿＿＿

2 はちみつと湯を３：10の割合にまぜた飲みものをつくります。はちみつを90ｇにすると、湯は何ｇ必要ですか。

式

答え＿＿＿＿＿＿

3 水色のビー玉８個と黄色いビー玉３個をセットにします。水色のビー玉は120個あります。黄色いビー玉は何個いりますか。

式

答え＿＿＿＿＿＿

4 赤い画用紙と白い画用紙を５：７の割合で配ります。赤い画用紙を30枚配ると、白い画用紙は何枚必要ですか。

式

答え＿＿＿＿＿＿

5 白いばら３本と赤いばら４本で花束をつくります。赤いばらは60本あります。白いばらは何本いりますか。

式

答え＿＿＿＿＿＿

5 比とその利用 ⑧

学習日　月　日　名前

1 140枚（まい）の色紙を、姉と妹が 4：3 になるように分けます。

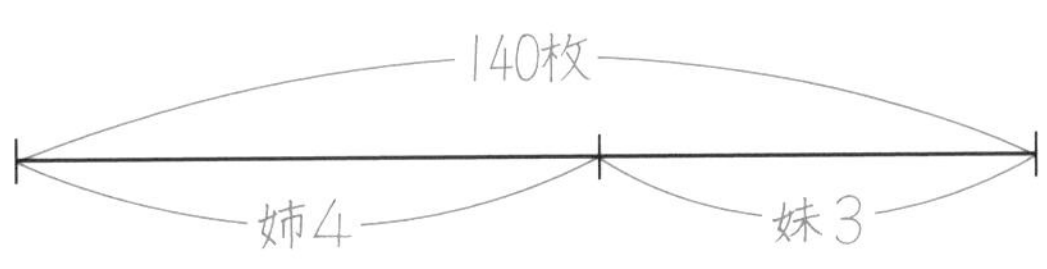

① 姉のもらう枚数は、全体の何分の何にあたりますか。

答え

② 姉、妹のもらえる枚数を出しましょう。

姉　$140\times\frac{4}{7}=$　答え

妹　答え

2 24mのロープを、3：5 の長さになるように分けます。何mと何mになりますか。

式

答え

3 1周すると90mの長方形の池があります。池の縦（たて）と横の比は 2：3 です。縦と横の長さは、それぞれ何mですか。

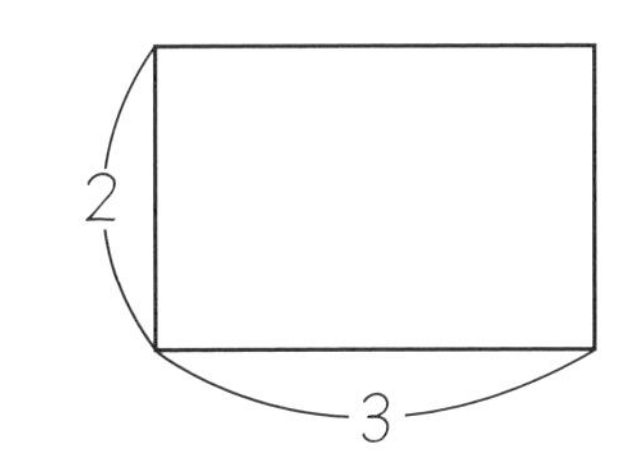

式

答え

4 広場に108人の人がいます。この人たちの男女の人数の比は、5：4 です。それぞれ何人ですか。

式

答え

5 1800gの砂糖（さとう）水があります。砂糖と水の比は、2：7 です。砂糖は何gふくまれていますか。

式

答え

学習日	名前
月　日	

1 図を見て、木の高さを求めましょう。

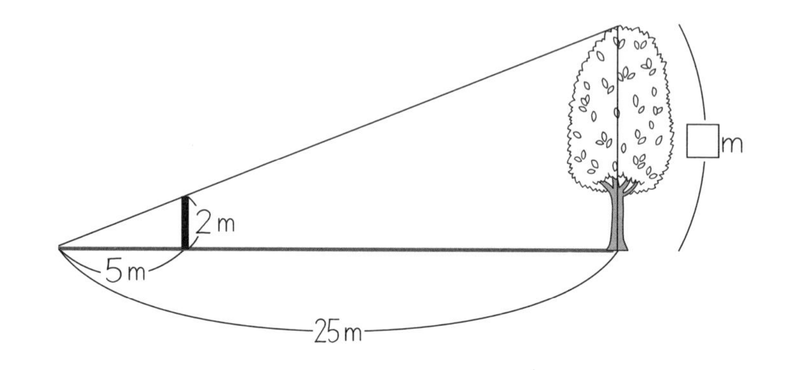

式

答え

2 120m² の畑があります。この畑にナスとキュウリを7：5の面積比で植えつけました。それぞれ何m² ですか。

式

答え

3 あるクラブの男子と女子の比は 7：5 です。
このクラブの男子は女子より4人多いです。
それぞれ何人ですか。

式

答え

4 白と赤のバラの花が40本あります。
赤いバラを4本ふやしたので、赤と白のバラの数の比は、6：5になりました。それぞれのバラの数を求めましょう。

式

答え

5 比とその利用 ⑩ まとめ

学習日　月　日　名前　　点　合格 80～100点

1 次の□にあてはまる数を求めましょう。（1つ5点）

① 3：5 ＝ 9：□

② 4：7 ＝ 16：□

③ 8：3 ＝ □：21

④ 14：42 ＝ 1：□

⑤ 15：21 ＝ 5：□

⑥ 48：12 ＝ □：1

⑦ 2：3 ＝ 26：□

⑧ 45：60 ＝ 3：□

2 赤い画用紙と白い画用紙を 2：7 の割合（わりあい）で配ります。
赤い画用紙を40枚（まい）配ると、白い画用紙は何枚いりますか。（式10点、答え10点）

式

答え

3 縦（たて）と横の比が 5：7 の長方形の花だんをつくります。
縦の長さが10mのとき、横の長さは何mですか。（式10点、答え10点）

式

答え

4 広場にいる72人の男女比は 5：4 です。
それぞれ何人ですか。（式10点、答え10点）

式

答え

6 拡大図と縮図 ①

学習日　月　日

名前

対応する角の大きさがそれぞれ等しく、対応する辺の長さの比が等しくなるように、もとの図を大きくした図を**拡大図**（かくだいず）、小さくした図を**縮図**（しゅくず）といいます。

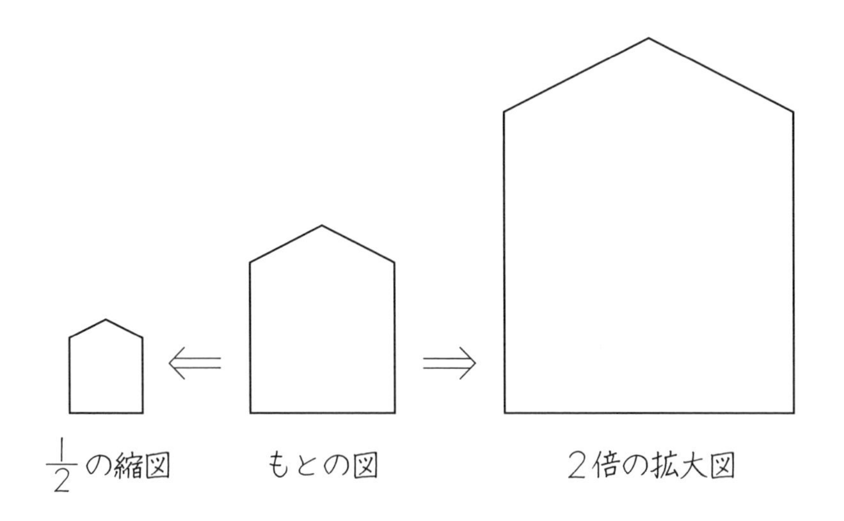

中央のもとの図に対して、右側の図は、対応する辺の長さを2倍に拡大した図です。

中央のもとの図に対して、左側の図は、対応する辺の長さを$\frac{1}{2}$に縮（ち）めた縮図になっています。

対応する角の大きさはそれぞれ等しくなっています。

1 次の図㋐の三角形の拡大図、縮図になっているものはどれですか。何倍の拡大図か、何分の一の縮図かも答えましょう。

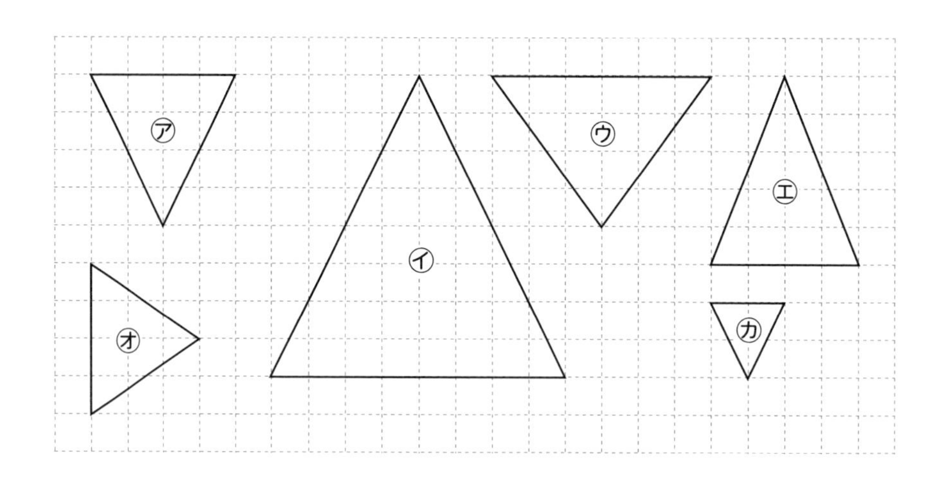

答え　拡大図　　　　　，縮図

2 長方形㋑は、長方形㋐の拡大図といえますか。

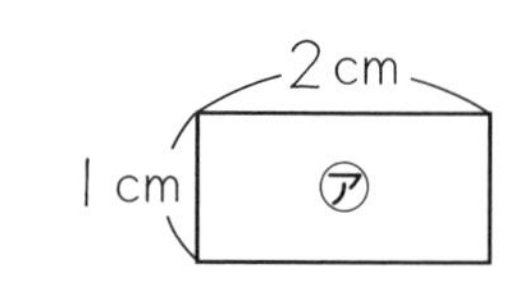

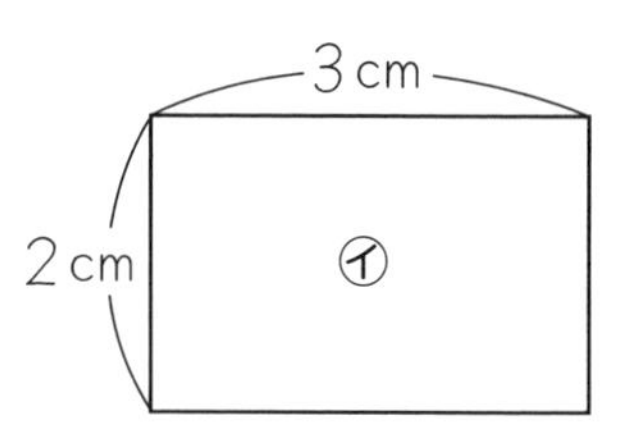

答え

6 拡大図と縮図 ②

学習日　月　日　名前

1 三角形エオカは、三角形アイウの２倍の拡大図(かくだいず)です。

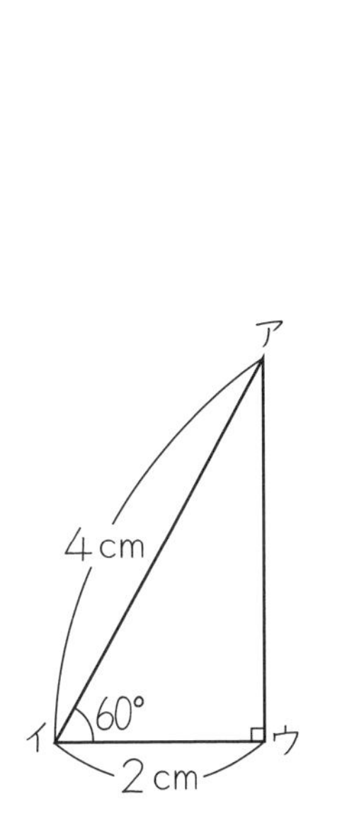

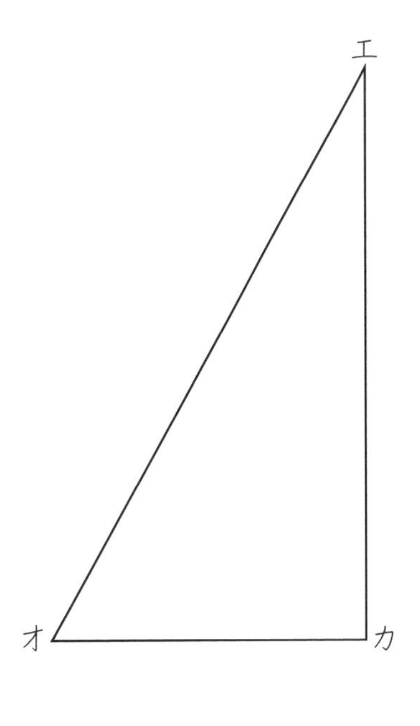

① 辺アイに対応する辺はどこですか。また何cmですか。

答え

② 辺イウに対応する辺はどこですか。また何cmですか。

答え

③ 角イに対応する角はどこですか。また何度ですか。

答え

2 四角形オカキクは、四角形アイウエの $\frac{1}{2}$ の縮図(しゅくず)です。

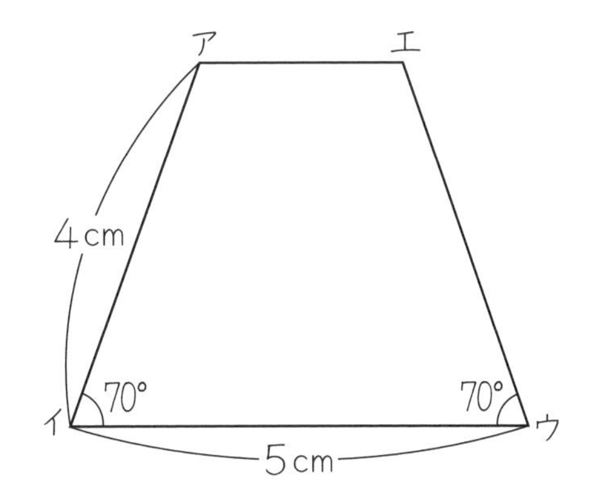

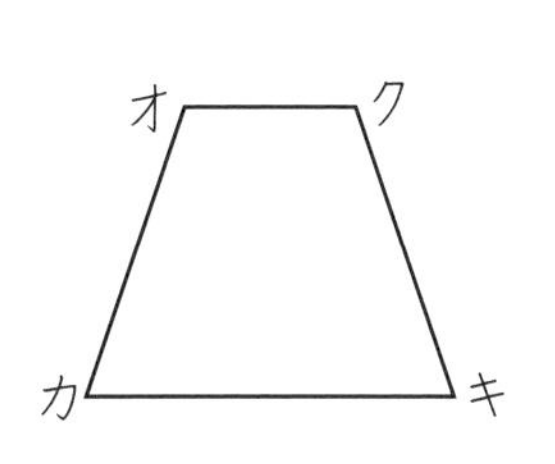

① 辺アイに対応する辺はどれですか。また何cmですか。

答え

② 辺イウに対応する辺はどれですか。また何cmですか。

答え

③ 角イに対応する角はどれですか。また何度ですか。

答え

④ 角ウに対応する角はどれですか。また何度ですか。

答え

拡大図と縮図 ③

学習日　　月　　日
名前

1　右の図を2倍に拡大（かくだい）した図をかきましょう。

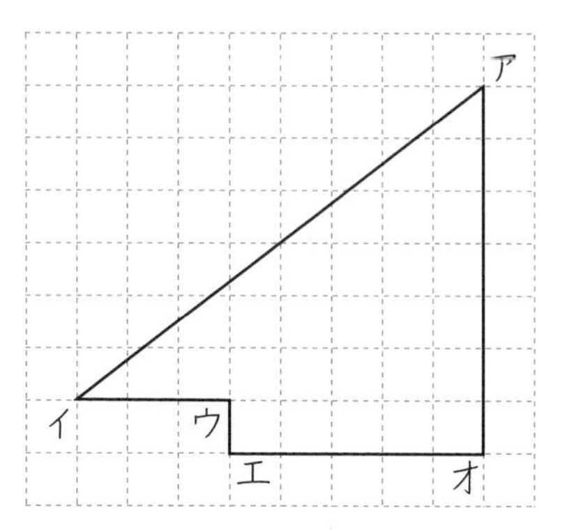

2　右の図を3倍に拡大した図をかきましょう。

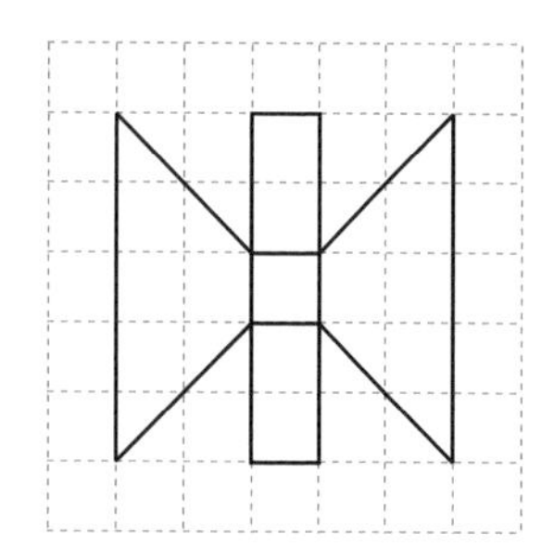

6 拡大図と縮図 ④

学習日　月　日

名前

1 右の図を $\frac{1}{2}$ に縮小（しゅくしょう）した図をかきましょう。

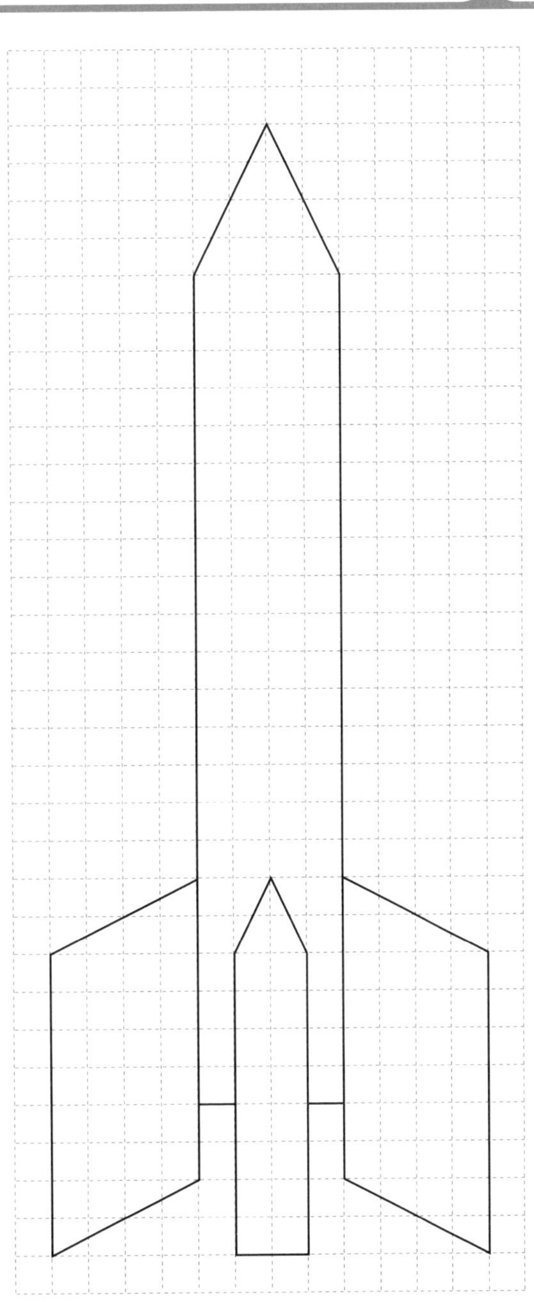

2 下の図を $\frac{1}{3}$ に縮小した図をかきましょう。

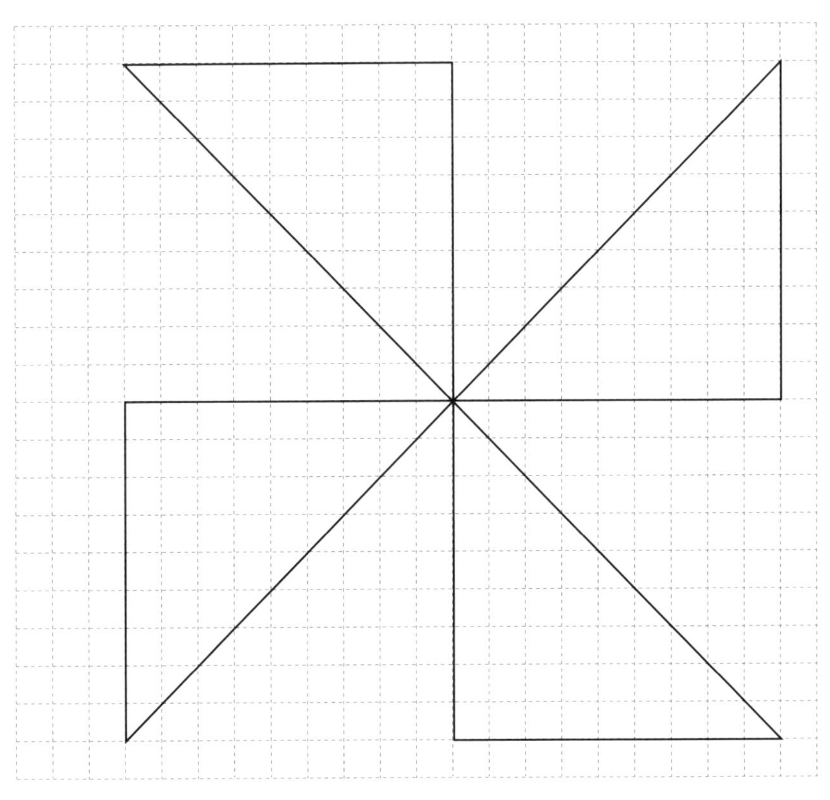

拡大図と縮図 ⑤

1 2倍に拡大しましょう。Oは拡大のもとになる点です。

2 3倍に拡大しましょう。Oは拡大のもとになる点です。

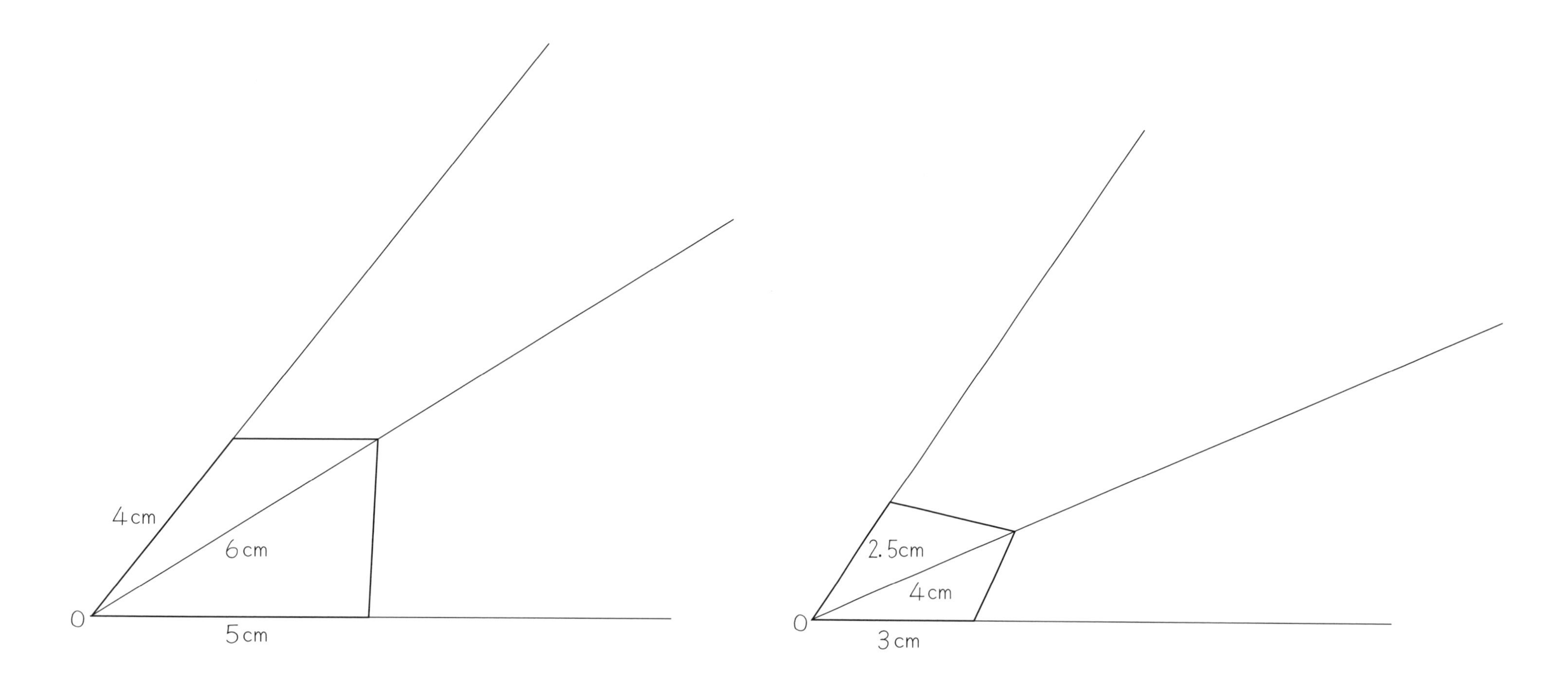

拡大図と縮図 ⑥

名前

1 $\frac{1}{2}$に縮小(しゅくしょう)しましょう。Oは縮小のもとになる点です。

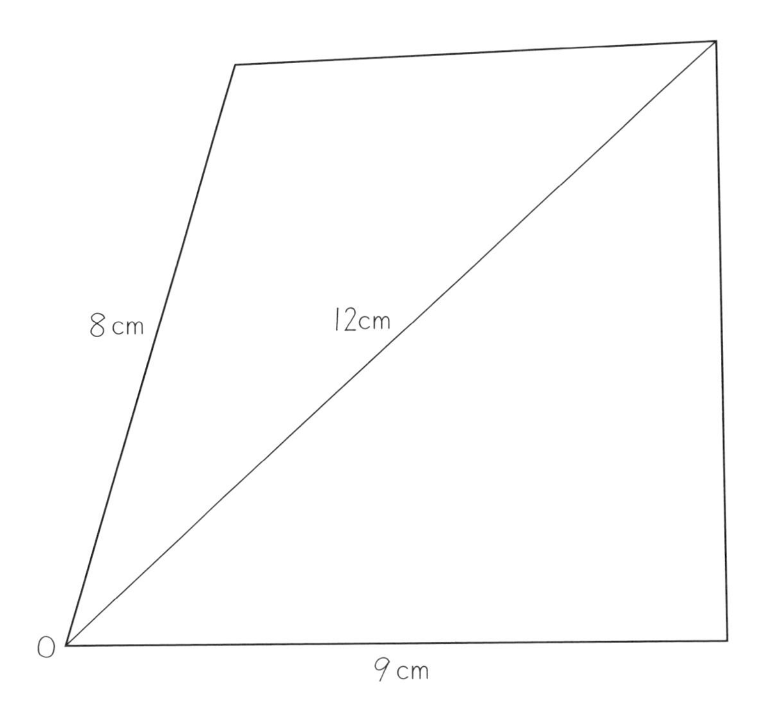

2 $\frac{1}{3}$に縮小しましょう。Oは縮小のもとになる点です。

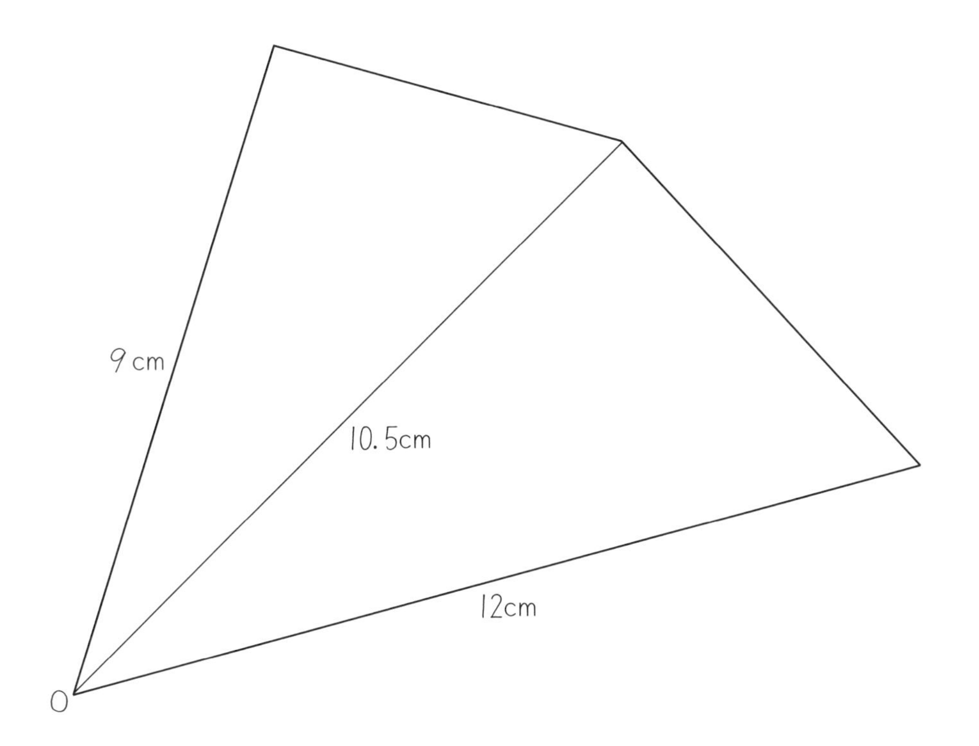

拡大図と縮図 ⑦

学習日　月　日　名前

1　川の両側にポールがたっています。手前側のポールから５mはなれたところから、向こう側のポールは60°の角度でした。１mを1cmとして縮図をかきましょう。

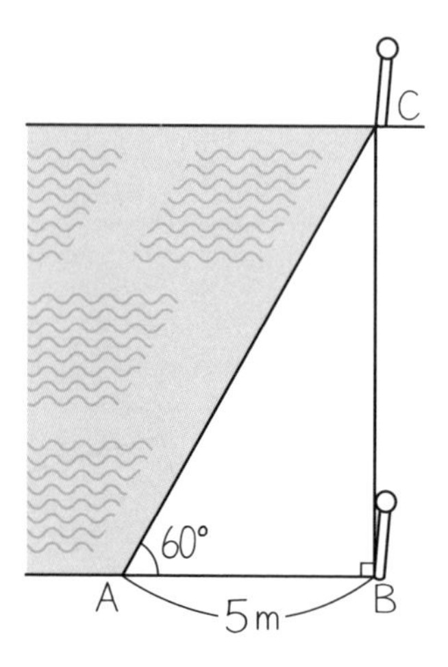

A　　　　　B

2　**1**について答えましょう。

①　実際の長さ１mを1cmとして縮図をかきました。何分の一の縮図になりましたか。

$\frac{1\text{cm}}{1\text{m}}$ の単位をcmに直し $\frac{1}{100}$

答え

②　**1**でかいた縮図のＢＣの長さをはかりましょう。

答え

③　縮図ＢＣの長さを実際の長さにするには、100倍します。実際の長さを求めましょう。

式

答え

6 拡大図と縮図 ⑧

学習日　月　日　名前

1 右図は川はばＢＣを求めるためにかいた縮図(しゅくず)です。
ＡＢの実際の長さは、15mです。

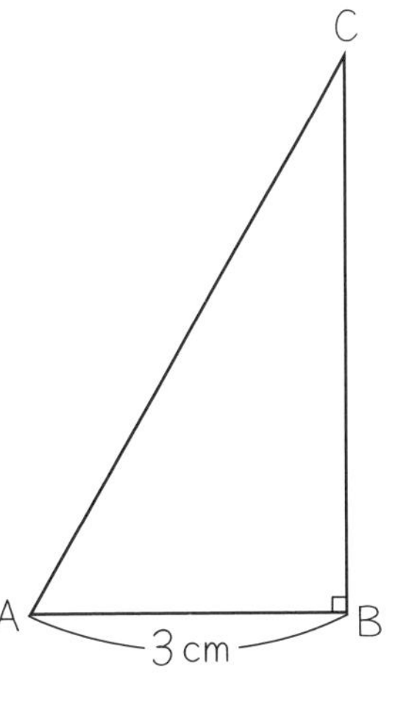

① この縮図は、何分の一の縮図ですか。

答え

② 縮図ＢＣの長さをはかりましょう。

答え

③ 実際の川はばを求めましょう。

式

答え

2 右の図は建物の高さＢＣを求めるためにかいた縮図です。
ＡＢの実際の長さは、16mです。

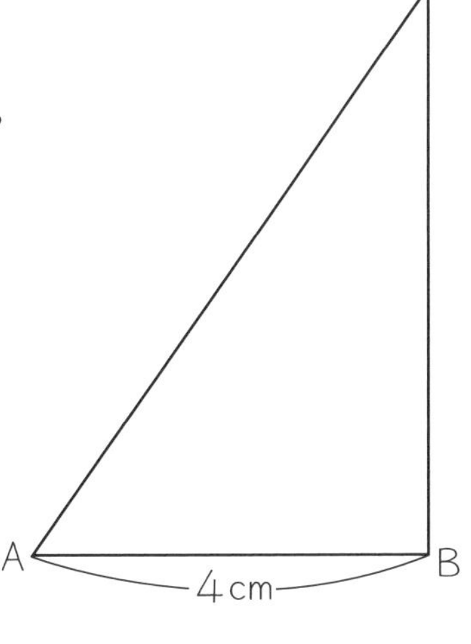

① この縮図は、何分の一の縮図ですか。

答え

② 縮図ＢＣの長さをはかりましょう。

答え

③ 実際の建物の高さを求めましょう。

式

答え

6 拡大図と縮図 ⑨

学習日　月　日　名前

地図帳の地図は実際のものを縮めてかいた縮図です。
縮尺率は2000分の一のから、100000分の一などさまざまあります。

1 いろいろな地図で、実際の長さを求めましょう。

① 25000分の一の地図で、1cmの長さは、実際、何mになるか求めましょう。

式

答え ＿＿＿＿＿＿

② 50000分の一の地図で、1cmの長さは、実際、何mになるか求めましょう。

式

答え ＿＿＿＿＿＿

2 100万分の一の縮尺の地図があります。

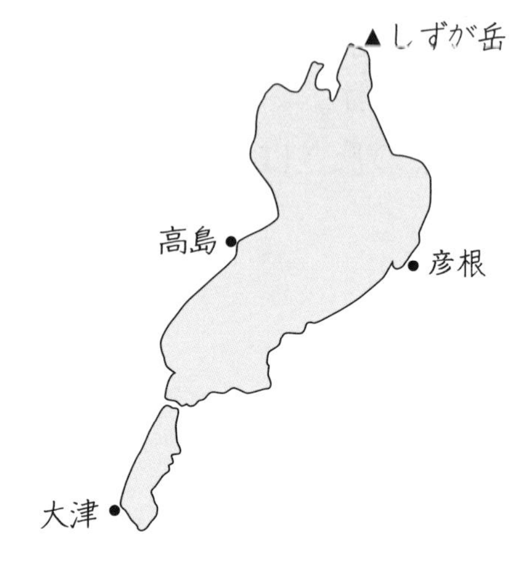

① びわ湖の東西の長さ（高島―彦根）は約2cmです。実際の長さを求めましょう。

式

答え ＿＿＿＿＿＿

② びわ湖の南北（しずか岳―大津）は約6cmです。実際の長さを求めましょう。

式

答え ＿＿＿＿＿＿

拡大図と縮図 ⑩ まとめ

学習日　月　日　名前

点　合格 80〜100点

1 もとの直角三角形の $\frac{1}{10}$ の縮図(しゅくず)は、右図のとおりです。
ABの実際の長さを求めましょう。
(式10点、答え10点)

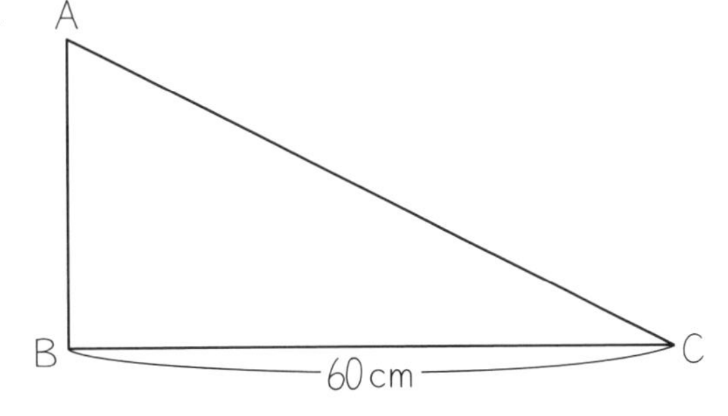

式

答え

2 右の図はACの長さを求めるためにかいた縮図です。
ABの実際の長さは、18mです。ACの実際の長さを求めましょう。
(式15点、答え15点)

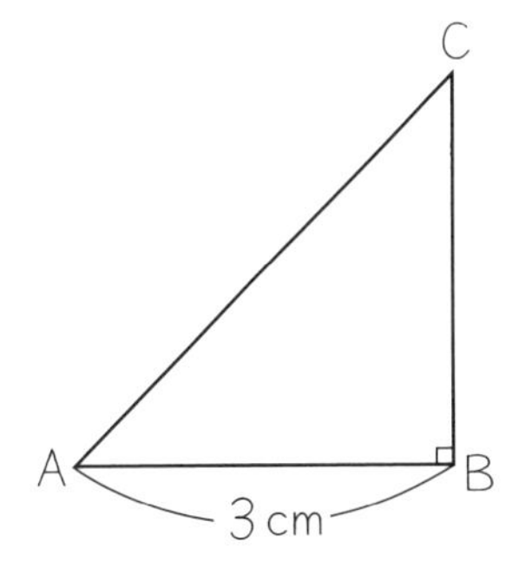

式

答え

3 校舎のかげの長さをはかって右のような図をかきました。

A
30°
B　25m　C

① 25mを10cmとして縮図をかきましょう。(20点)

B　C

② CAの実際の長さを求めましょう。
(式15点、答え15点)

式

答え

7 円の面積 ①

学習日 月 日

名前

1 1cm方眼に、半径10cmの円の$\frac{1}{4}$がかいてあります。マス目の数をかきましょう。

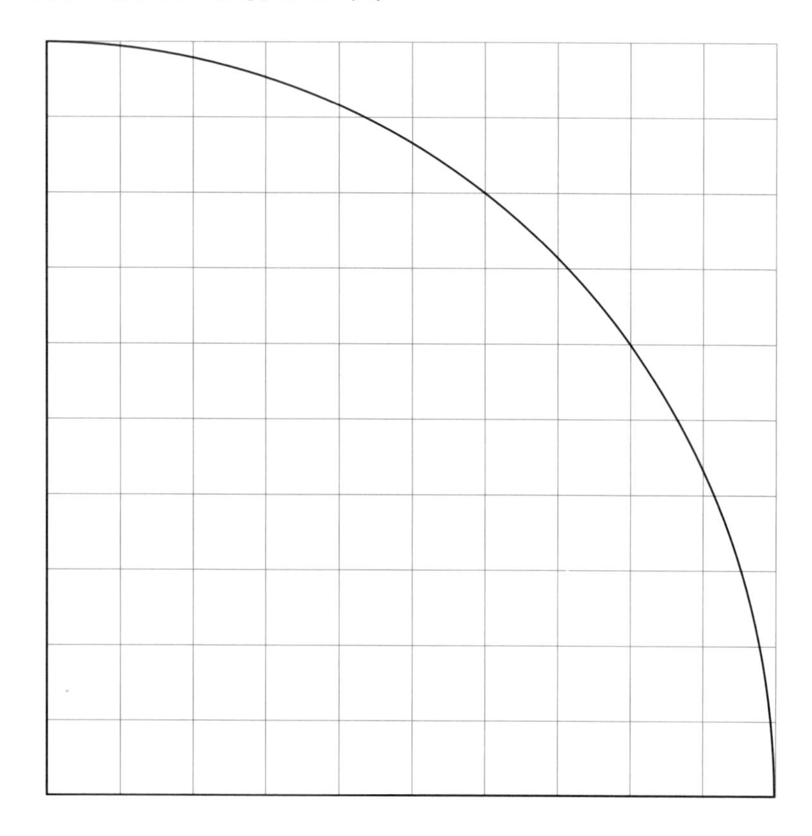

全部ふくまれるマス目の数 ＿＿＿＿

一部ふくまれるマス目の数 ＿＿＿＿

2 **1**のマス目の数を使って、次の問いに答えましょう。

① 全部ふくまれるマス目は1つ1cm²です。
全部ふくまれるマス目はあわせて何cm²ですか。

答え ＿＿＿＿

② 一部ふくまれるマス目は、どれも1つ0.5cm²とします。一部ふくまれるマス目はあわせて何cm²ですか。

答え ＿＿＿＿

③ この図形の面積はおよそ何cm²ですか。

答え ＿＿＿＿

円の面積は、次の公式で求められます。

円の面積＝半径×半径×円周率（3.14）

7 円の面積 ②

学習日　月　日　名前

色をぬろう　わからない　だいたいできた　できた！

1 次の円の面積を求めましょう。

①

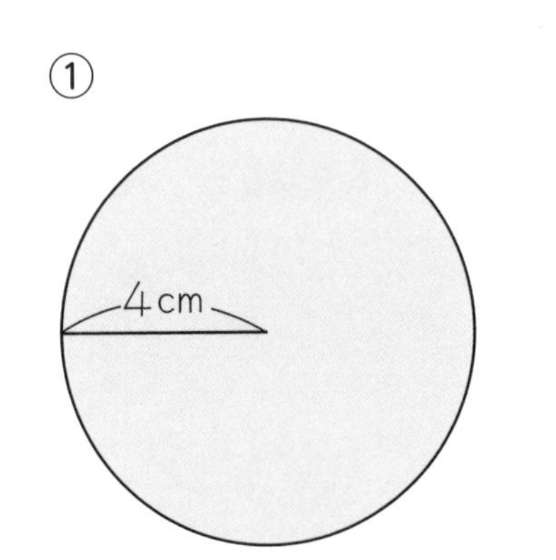

式

答え

②

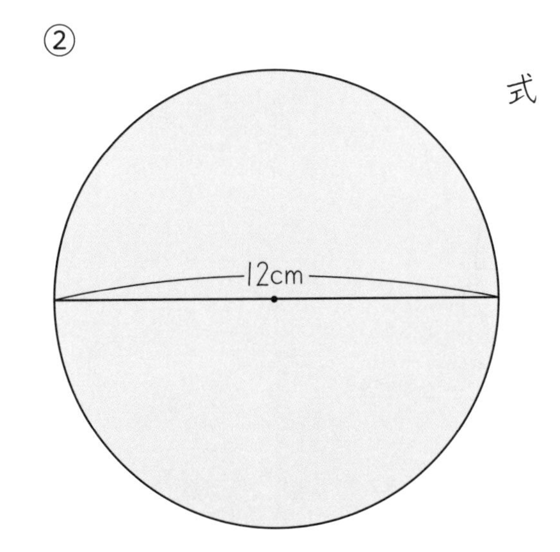

式

答え

2 次の円の面積を求めましょう。

① 半径3cmの円

式

答え

② 半径10cmの円

式

答え

③ 直径16cmの円

式

答え

④ 直径20cmの円

式

答え

円の面積 ③

学習日　月　日　名前

色をぬろう　わからない　だいたいできた　できた！

1 次の円の□部分の面積を求めましょう。

①

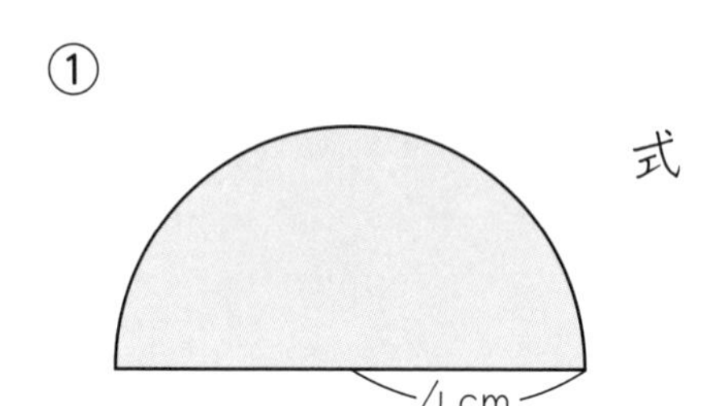

式

答え

②

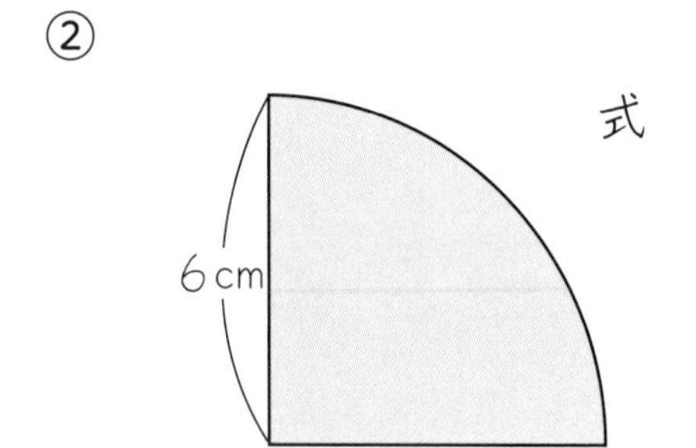

式

答え

③

答えは小数第２位を四捨五入して求めましょう。

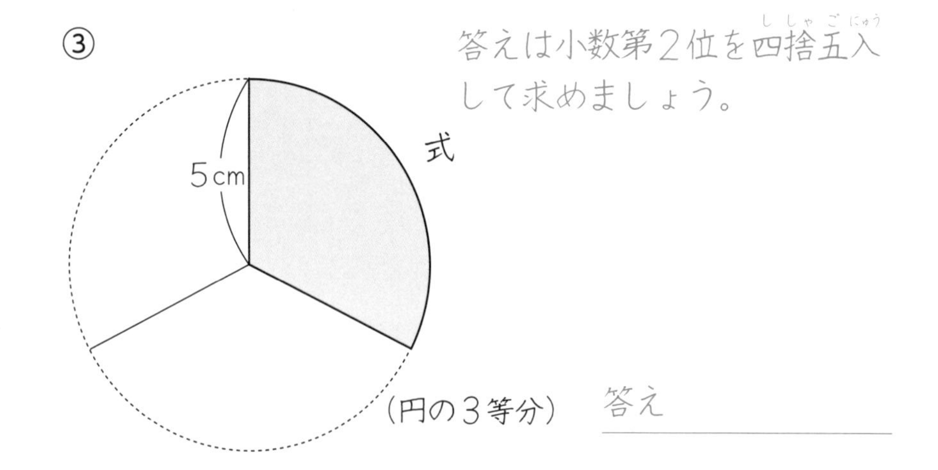

式

答え

2 次の円の□部分の面積を求めましょう。

① 半径４cm

円の$\frac{1}{3}$の面積を求めるとき小数第２位を四捨五入しましょう。

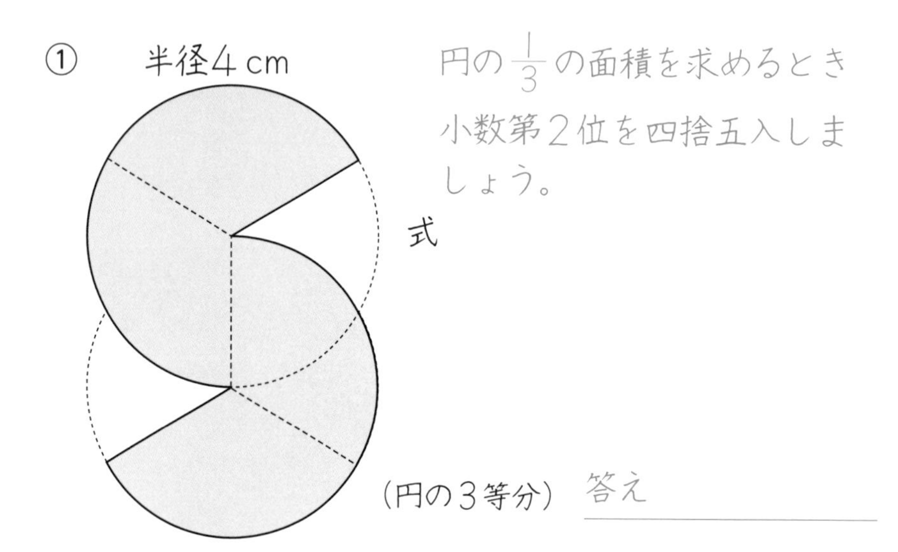

式

答え

② 半径５cm

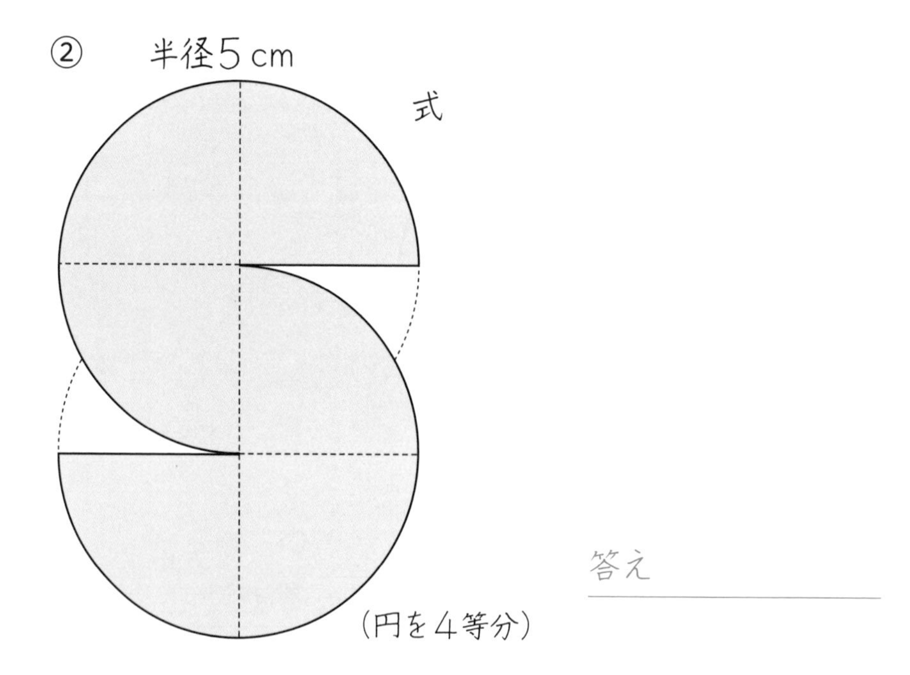

式

答え

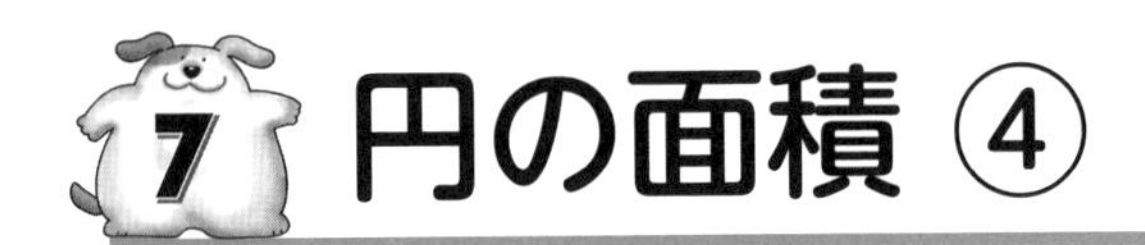

円の面積 ④

学習日　月　日

名前

1 □部分の面積を求めましょう。

①

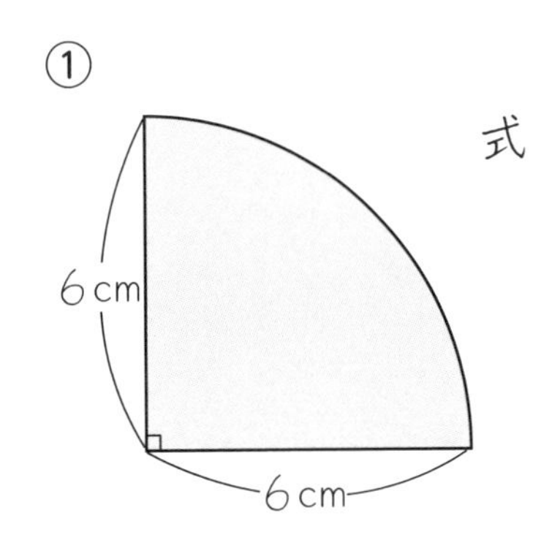

式

答え

②

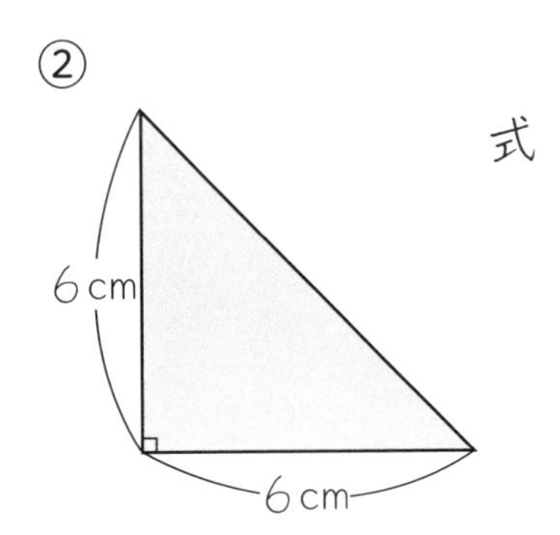

式

答え

③

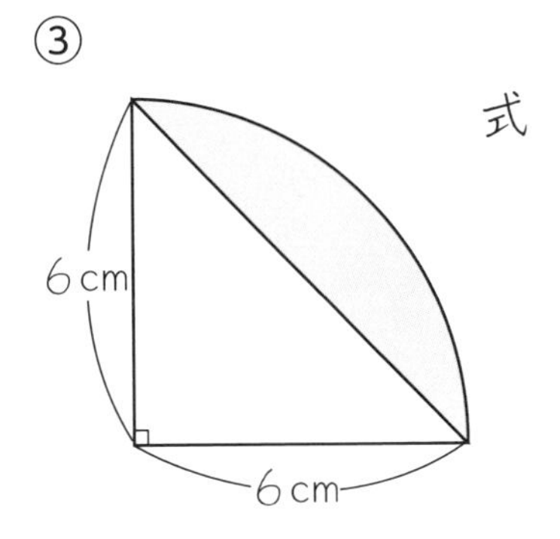

式

答え

2 □部分の面積を求めましょう。

①

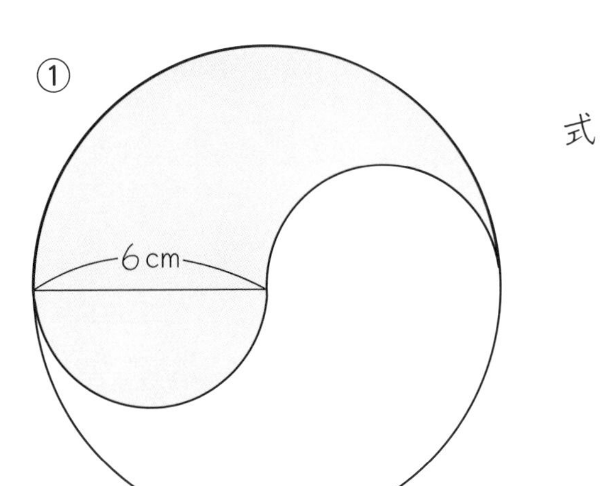

式

答え

②

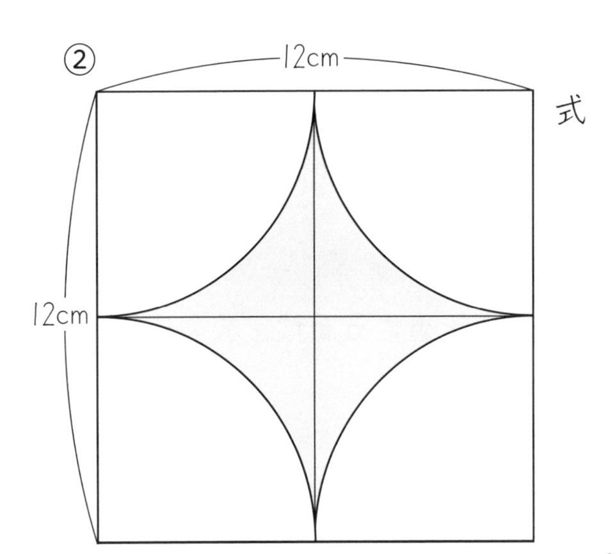

式

答え

7 円の面積 ⑤ まとめ

学習日　月　日　名前

1　直径12mの円形の池の中に、直径4mの円形の島があります。この池の水面の面積を求めましょう。

（式10点、答え10点）

式

答え

2　半径9mの円形の池の外側に、はば1mの道をつけます。道の面積を求めましょう。　（式10点、答え10点）

式

答え

3　半径15mの円形の花だんを5等分して、その2つ分にしばふを植えます。しばふを植える面積を求めましょう。

（式10点、答え10点）

式

答え

4　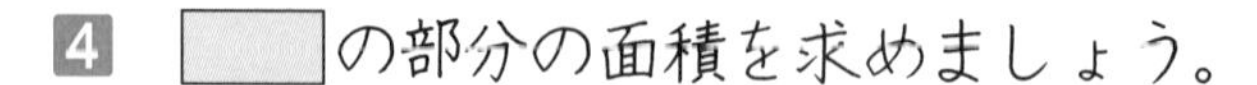の部分の面積を求めましょう。

（各式10点、各答え10点）

①

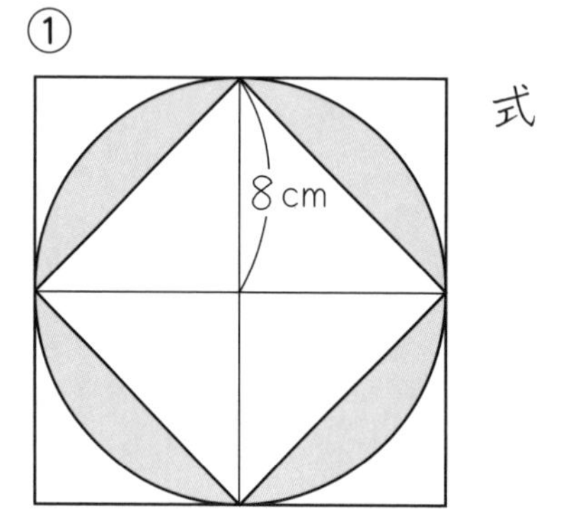

式

答え

②

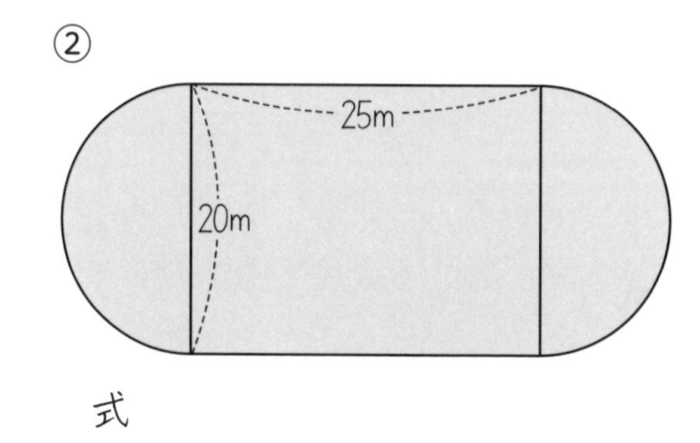

式

答え

角柱・円柱の体積 ①

学習日　　月　　日　　名前

色をぬろう

右のような四角柱の体積は

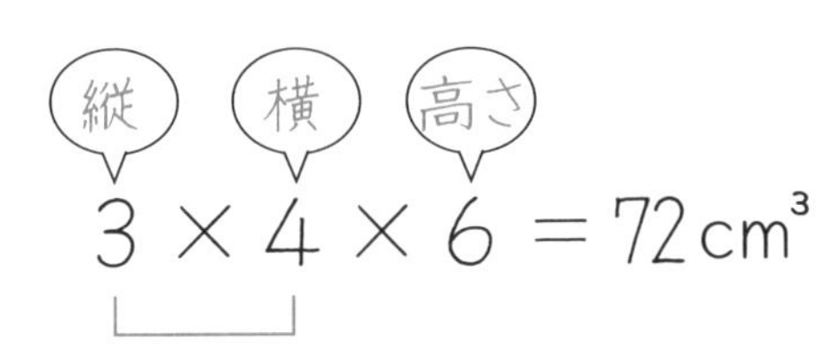

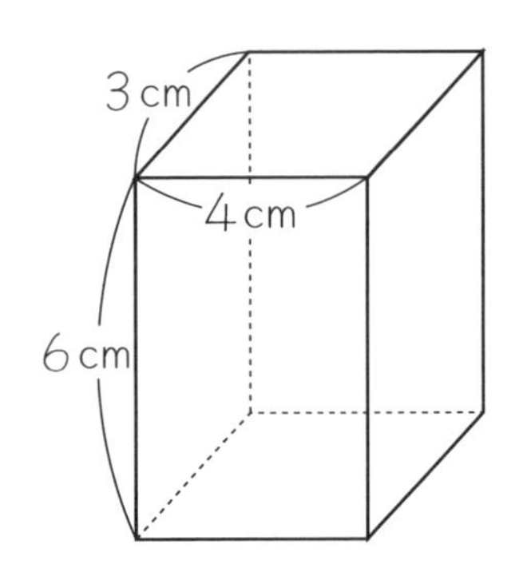

縦(たて)×横　を底面積と見ると

柱体の体積 ＝ 底面積 × 高さ

と考えることができます。

　底面の形が、三角形や円などの三角柱や円柱などの体積も、求めることができます。

1　次の角柱の体積を求めましょう。

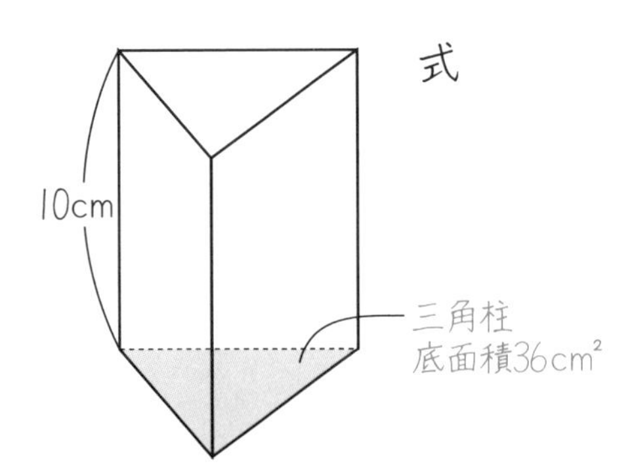

式

答え

2　次の立体の体積を求めましょう。

①

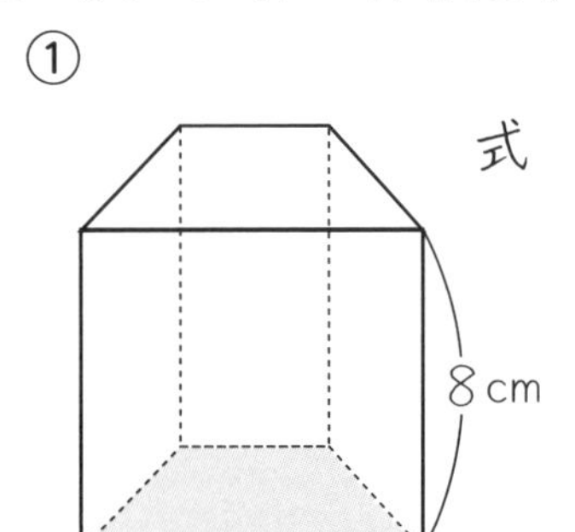

四角柱底面積42cm²

式

答え

②

11cm

五角柱底面積40cm²

式

答え

③

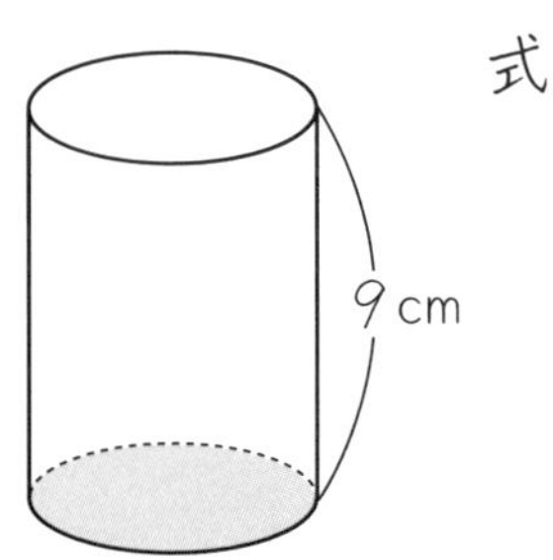

円柱底面積45cm²

式

答え

8 角柱・円柱の体積 ②

学習日　月　日

名前

1 次の角柱の体積を求めましょう。

①

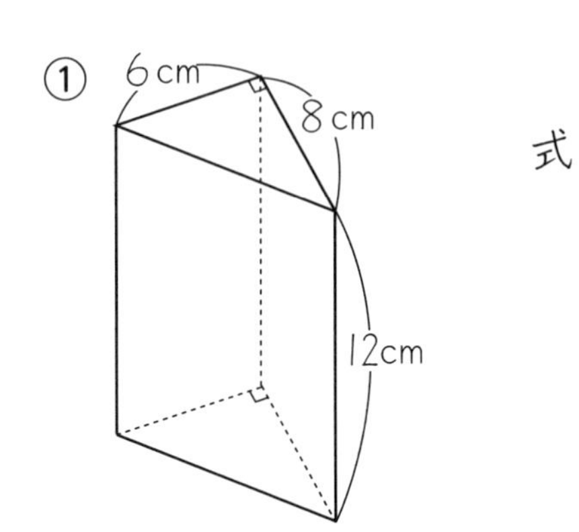

式

答え

②

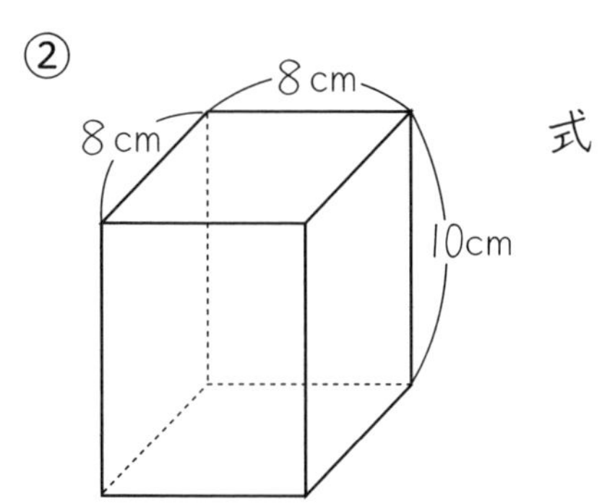

式

答え

③

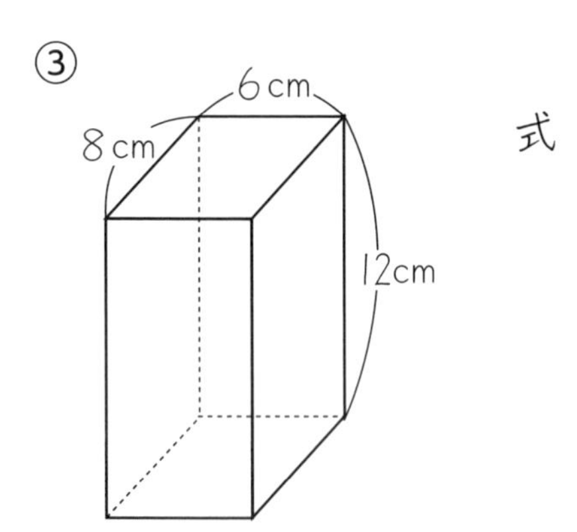

式

答え

2 次の立体の体積を求めましょう。

①

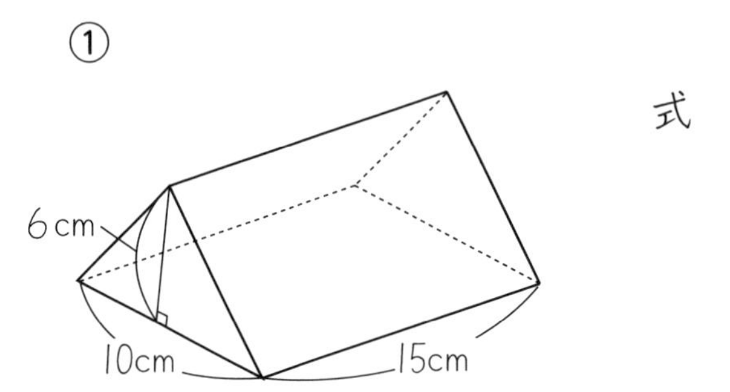

式

答え

②

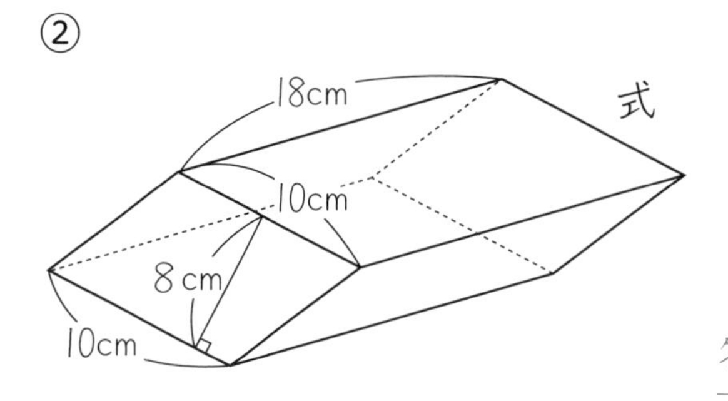

式

答え

③

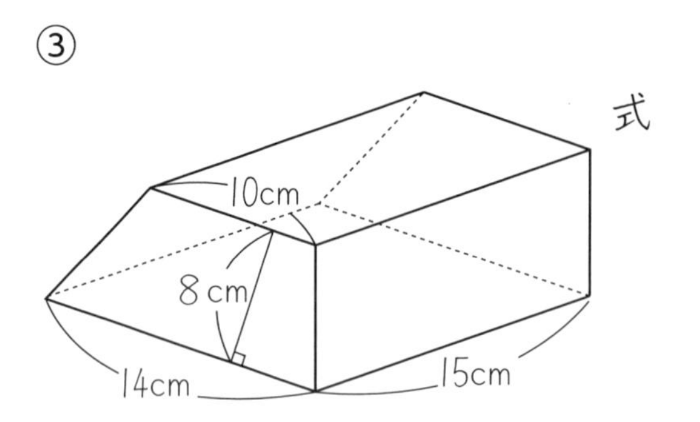

式

答え

角柱・円柱の体積 ③

学習日　月　日　名前

1 次の円柱の体積を求めましょう。

①

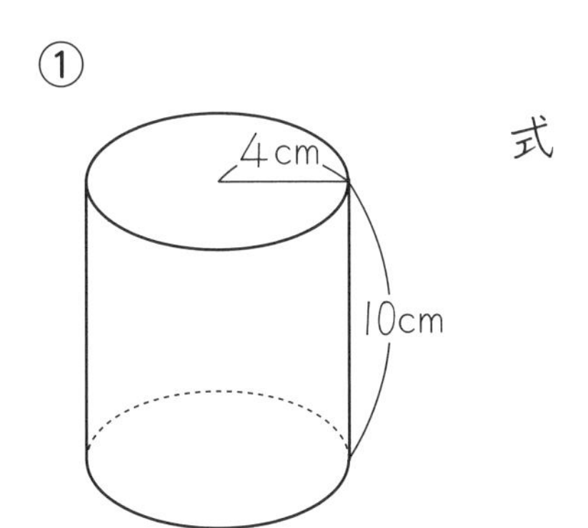

式

答え

②

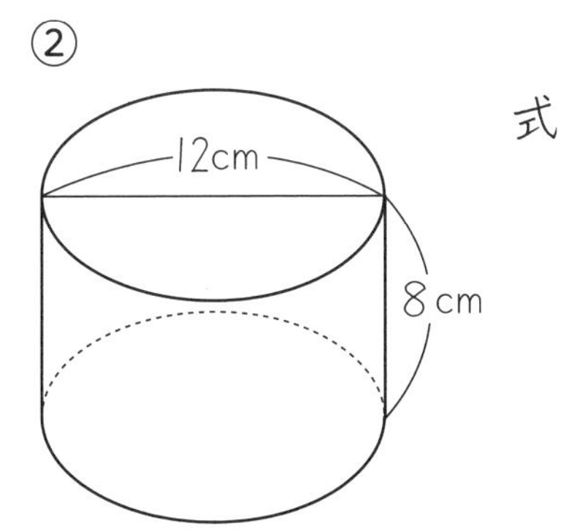

式

答え

③

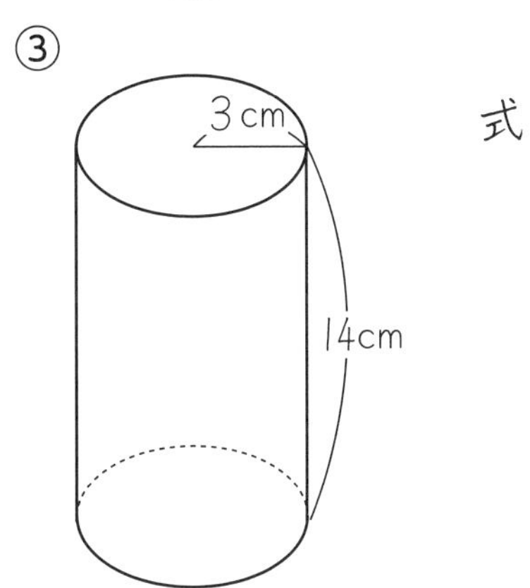

式

答え

2 次の立体の体積を求めましょう。

①

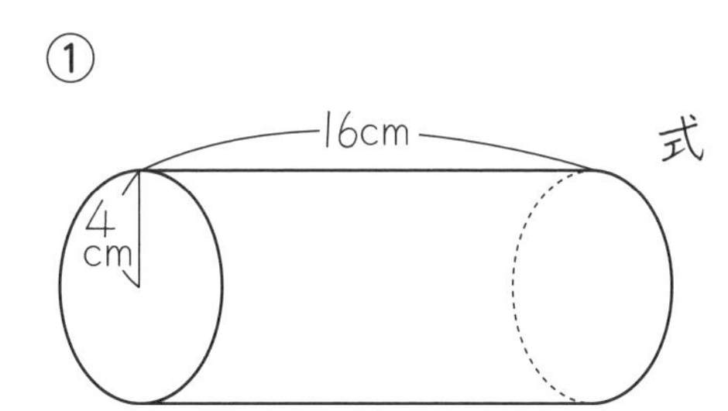

式

答え

②

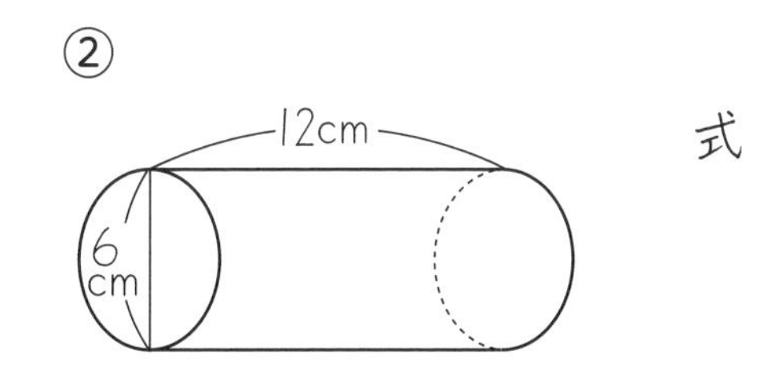

式

答え

③

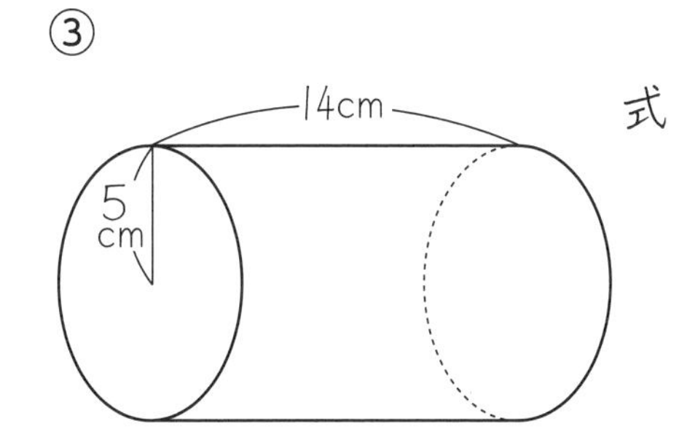

式

答え

角柱・円柱の体積 ④

学習日　月　日　名前

1 次の立体の体積を求めましょう。

①

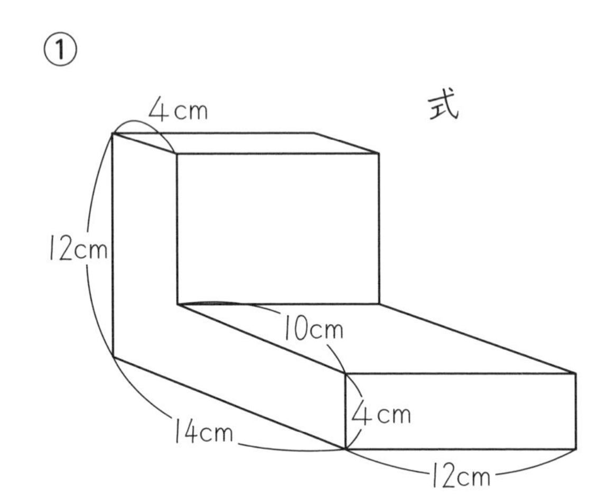

式

答え

②

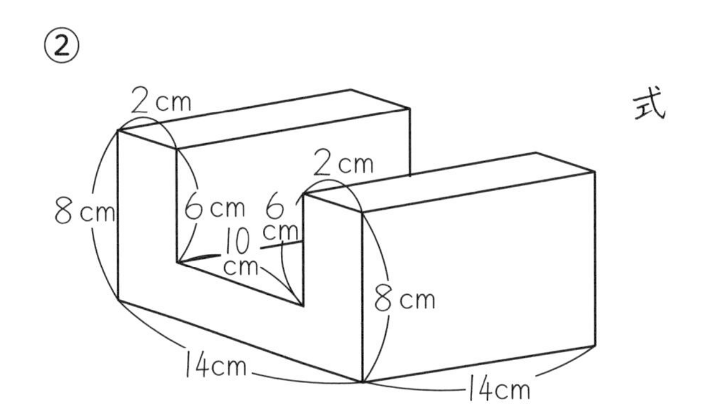

式

答え

2 次の立体の体積を求めましょう。

①

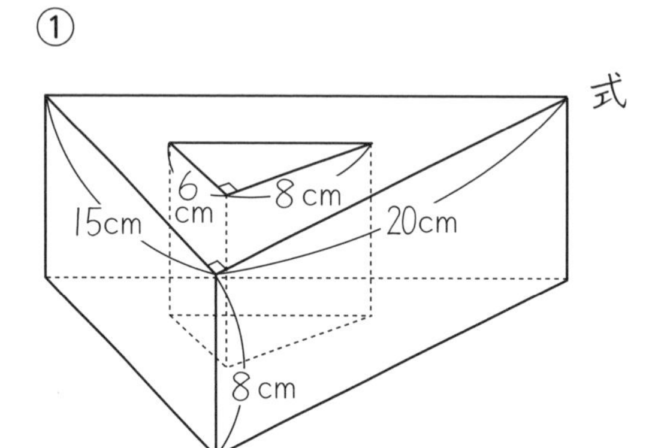

式

答え

②

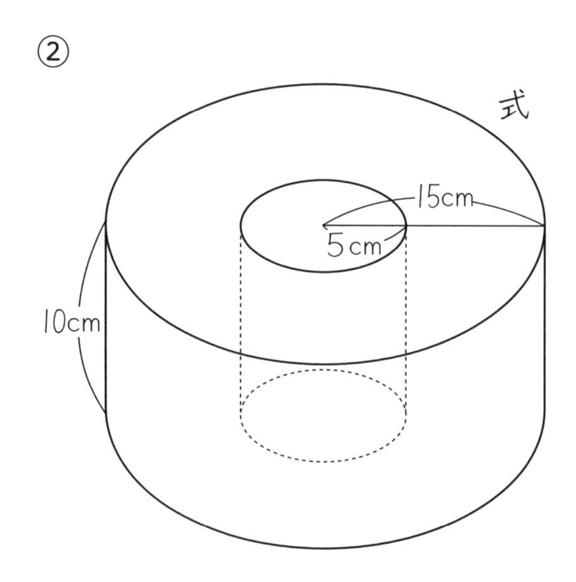

式

答え

およその面積・体積 ①

学習日 月 日 名前

1 大阪城公園の広さを、長方形に見立てて、およその面積を求めましょう。

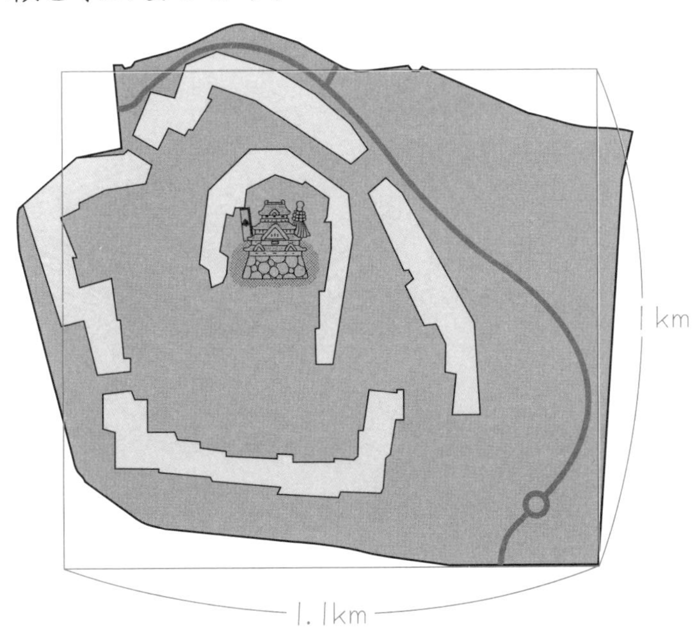

式

答え

2 大阪のまいしまスポーツアイランドを三角形に見立てて、およその面積を求めましょう。

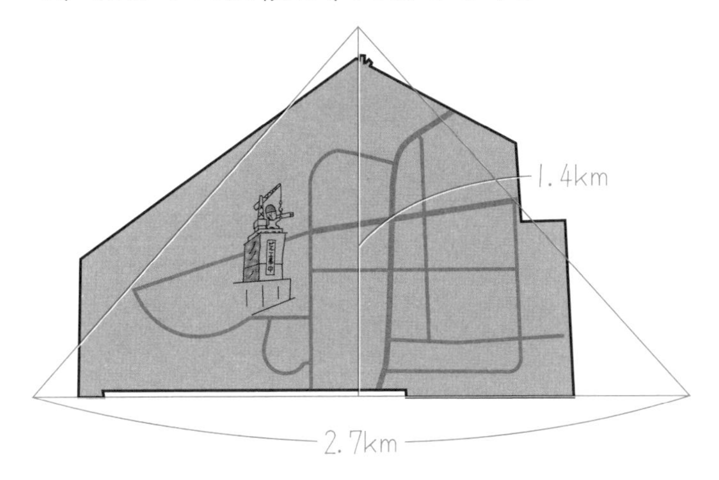

式

答え

9 およその面積・体積 ②

学習日　　月　　日

名前

1 円形に近い池のおよその面積を求めましょう。
ただし、円周率は3とします。

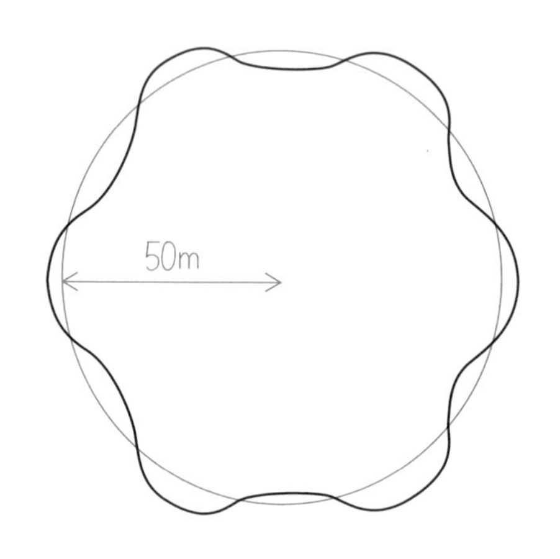

式

答え

2 古ふんのおよその面積を円と台形に見立てて、求めましょう。ただし、円周率は3とします。

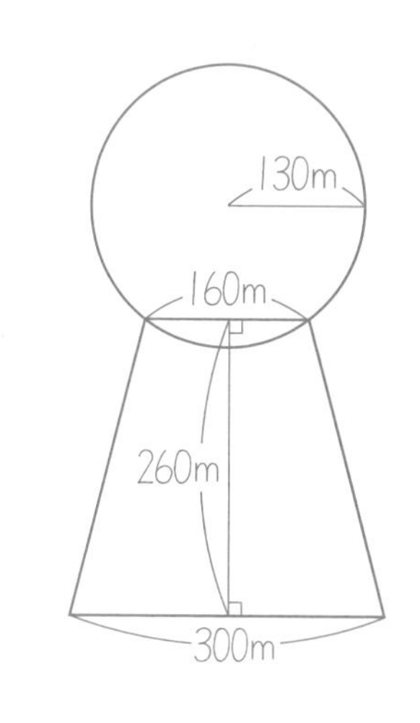

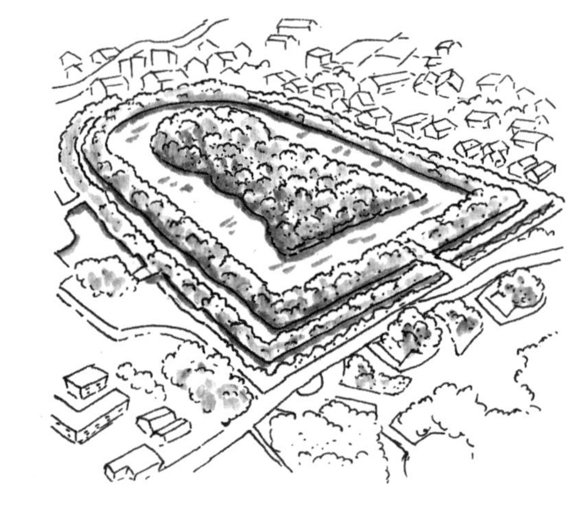

式

答え

9 およその面積・体積 ③

学習日　月　日
名前

色をぬろう　わからない　だいたいできた　できた！

1 おふろのおよその容積を求めましょう。

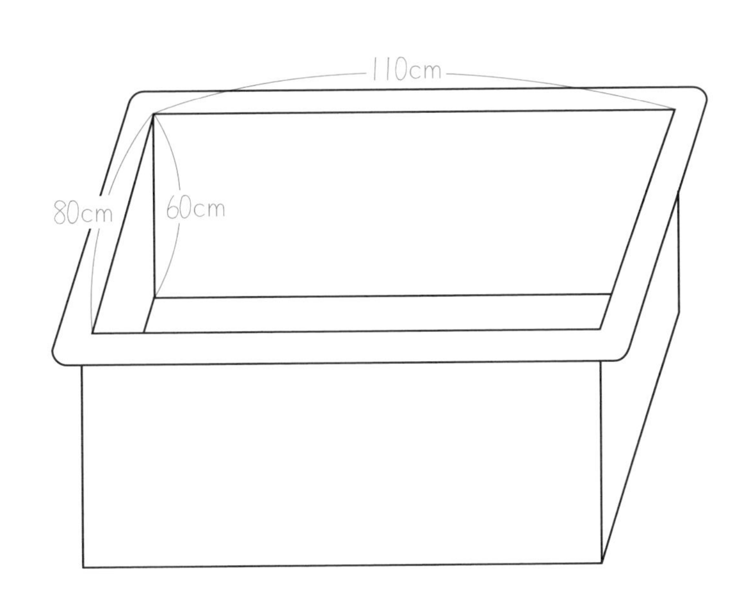

式

答え

2 タンスのおよその体積を求めましょう。

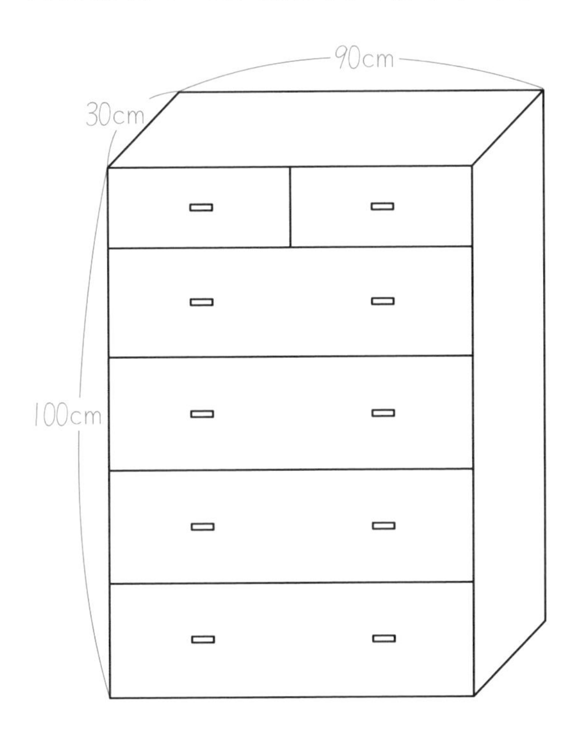

式

答え

9 およその面積・体積 ④

学習日　月　日　名前

色をぬろう　わからない　だいたいできた　できた！

1 ペットボトルのおよその体積を求めましょう。
ただし、円周率は3とします。

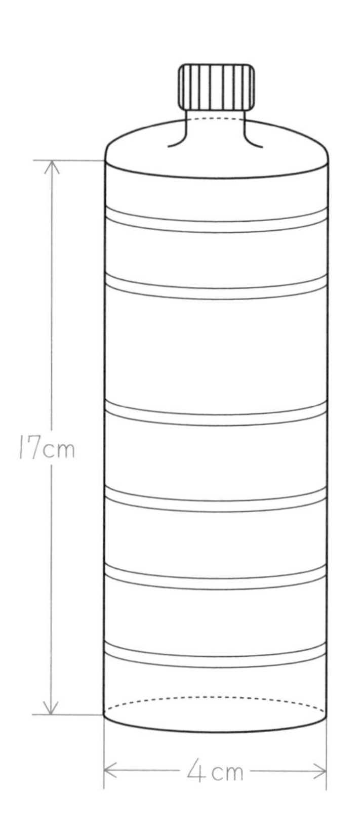

式

答え

2 この部屋のおよその体積を求めましょう。

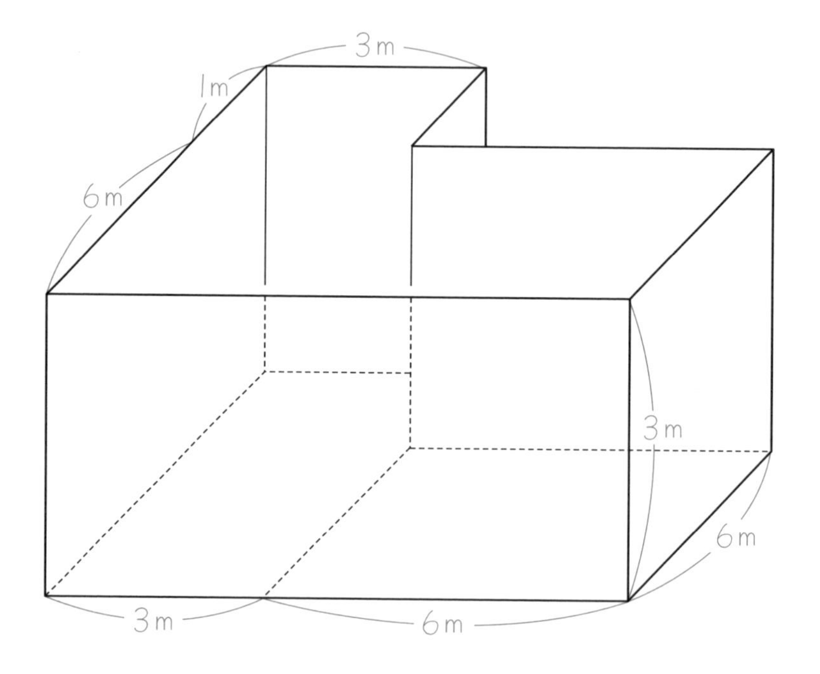

式

答え

10 比例・反比例 ①

学習日　月　日　名前

ともなって変わる2つの量について、

xの値(あたい)が、2倍、3倍、……になると、yの値も2倍、3倍、……になるとき、yはxに **比例する** といいます。

たとえば、1本40円のえんぴつをx本買ったときの代金をy円とすれば、yはxに比例します。

表を示すと

本数　x（本）	1	2	3	4	5
代金　y（円）	40	80	120	160	200

xの値が、1から2へと2倍になれば、yの値も40から80へと2倍になります。

xの値が1から3へと3倍になれば、yの値も40から120へと3倍になります。

つまり、yはxに比例していることがわかります。

また、yの値が2倍、3倍、……になると、xの値も2倍、3倍、……になることも確認(かくにん)できますので、xはyに比例することもわかります。

1 1冊(さつ)150円のノートをx冊買ったときの代金をy円として表をつくりました。

冊数　x（冊）	1	2	3	4	5
代金　y（円）	150	300	450	㋐	㋑

① xの値が1から2へと2倍になったとき、yの値は、何倍になりますか。

答え

② xの値が1から3へと3倍になったとき、yの値は、何倍になりますか。

答え

③ yはxに比例しているといえますか。

答え

④ 表の㋐と㋑の値を求めましょう。

答え　㋐　　㋑

10 比例・反比例 ②

学習日　月　日　名前

色をぬろう　わからない　だいたいできた　できた！

1 1mが200円の布があります。この布を x m買った代金を y 円として表をつくりました。

長さ　x（m）	1	2	3		5	6
代金　y（円）	200	400	600		1000	㋐

① y は x に比例しているといえますか。

答え

② x の値（あたい）が1から2へと1増えると、y の値はいくつ増えますか。

答え

③ x の値が2から3へと1増えると、y の値はいくつ増えますか。

答え

④ 表の㋐の値を求めましょう。

答え

2 1分間に4Lの水を入れます。水を入れる時間を x 分、水の量を y Lとして表をつくりました。

時間　x（分）	1	2	3		5	6
水の量　y（L）	4	8	12		㋐	24

① y は x に比例しているといえますか。

答え

② x の値が1から2へと1増えると、y の値はいくつ増えますか。

答え

③ x の値が2から3へと1増えると、y の値はいくつ増えますか。

答え

④ 表の㋐の値を求めましょう。

答え

10 比例・反比例 ③

学習日　月　日　名前

色をぬろう　わからない　だいたいできた　できた！

1 底辺が4cmの平行四辺形があります。平行四辺形の高さを$x$cmとして、その面積を$y$cm²として表をつくりました。

高さ　x（cm）	1	2	3	4	5
面積　y（cm²）	4	8	12	16	20
$y \div x$	4	4	4	㋐	㋑

① yはxに比例しているといえますか。

答え

② 表の㋐、㋑の値(あたい)を求めましょう。

答え　㋐　　㋑

※ 上の問題で、$y \div x$ の値は、いつも決まった数になります。この決まった数4を使って、yをxの式で表すと、次のようになります。

$$y = 4 \times x$$

2 分速50mで歩く人が、歩いた時間をx分とし、歩いた道のりをymとして、表をつくりました。

時間　x（分）	1	2	3	4	5
道のり　y（m）	50	100	150	200	250
$y \div x$					

① yはxに比例しているといえますか。

答え

② 表の $y \div x$ の値を求めましょう。この値はいつも同じ値になります。それを答えましょう。

答え

③ yをxの式で表しましょう。

$y =$ ＿＿＿＿

10 比例・反比例 ④

学習日　月　日　名前

1 底面積が10cm²の四角柱があり、高さをx cmとし、体積をy cm³として表をつくりました。

高さ　x (cm)	1	2	3		5	㋑
体積　y (cm³)	10	20	30		㋐	60

① 表の㋐の値(あたい)を求めましょう。

答え ________

② 表の㋑の値を求めましょう。

答え ________

③ yをxの式で表しましょう。

$y=$ ________

④ xの値が8のとき、yの値を求めましょう。

式

答え ________

2 高さ8cmの三角形があり、底辺の長さをx cmとし、面積をy cm²として表をつくりました。

底辺　x (cm)	1	2	3		5	㋑
面積　y (cm²)	4	8	12		㋐	24

① 表の㋐の値を求めましょう。

答え ________

② 表の㋑の値を求めましょう。

答え ________

③ yをxの式で表しましょう。

$y=$ ________

④ xの値が10のとき、yの値を求めましょう。

式

答え ________

比例・反比例 ⑤

学習日　月　日　名前

色をぬろう　わからない　だいたいできた　できた！

1 比例する２つの量 x と y の表を完成させましょう。また、y を x の式で表しましょう。

① 1個50円の消しゴムの個数と代金

個数　x（個）	1	2	3	4	5	6	7	8	9	10
代金　y（円）	50									

$y=$ ＿＿＿＿＿＿

② 1ｍが300円の布の長さと代金

長さ　x（m）	1	2	3	4	5	6	7	8	9	10
代金　y（円）	300									

$y=$ ＿＿＿＿＿＿

2 比例する２つの量 x と y の表を完成させましょう。また、y を x の式で表しましょう。

① 1分間に５Ｌの水を入れる

時間　x（分）	1	2	3	4	5	6	7	8	9	10
水の量　y（L）	5									

$y=$ ＿＿＿＿＿＿

② 分速60ｍで歩く

時間　x（分）	1	2	3	4	5	6	7	8	9	10
道のり　y（m）	60									

$y=$ ＿＿＿＿＿＿

10 比例・反比例 ⑥

学習日　月　日

名前

1 次のうち、比例するものに○、しないものに×をかきましょう。

① (　　　) ある人の年れいと身長

② (　　　) 1cmが2.8gの針金（はりがね）の長さと重さ

③ (　　　) 100gが350円の牛肉の重さと代金

④ (　　　) 60kmの道のりを走る車の速さとかかる時間

⑤ (　　　) まわりの長さが24cmの長方形の縦（たて）と横の長さ

⑥ (　　　) 正方形の1辺の長さとまわりの長さ

2 次のうち、比例するものに○、しないものに×をかきましょう。

① (　　　) 星までのきょりとその明るさ

② (　　　) たこの数と足の本数

③ (　　　) 1日の昼の時間と夜の時間

④ (　　　) 時速60kmで走る車の走った時間と道のり

⑤ (　　　) 底辺の長さが8cmの平行四辺形の高さと面積

⑥ (　　　) 父親の年れいと子どもの年れい

比例・反比例 ⑦

学習日　月　日　名前

色をぬろう　わからない　だいたいできた　できた！

1 分速50mで歩く人の、歩いた時間と、道のりは比例します。歩いた時間をx分、道のりをymとして、表を完成させて、yをxの式で表しましょう。

時間　x（分）	0	1	2	3	4	5	6	7	8	9
道のり　y（m）	0	50								

$y=$＿＿＿＿＿＿

〈グラフのかき方〉

1、縦軸(たてじく)、横軸をかく。

2、縦軸と横軸の交わった点を0として、縦軸に道のりを、横軸に時間の目もりをとる。

3、対応する点をとって、線でむすぶ。
（※　比例する2つの量の関係を表すグラフは点0を通る直線になります。）

2 **1**でつくった表をグラフに表しましょう。

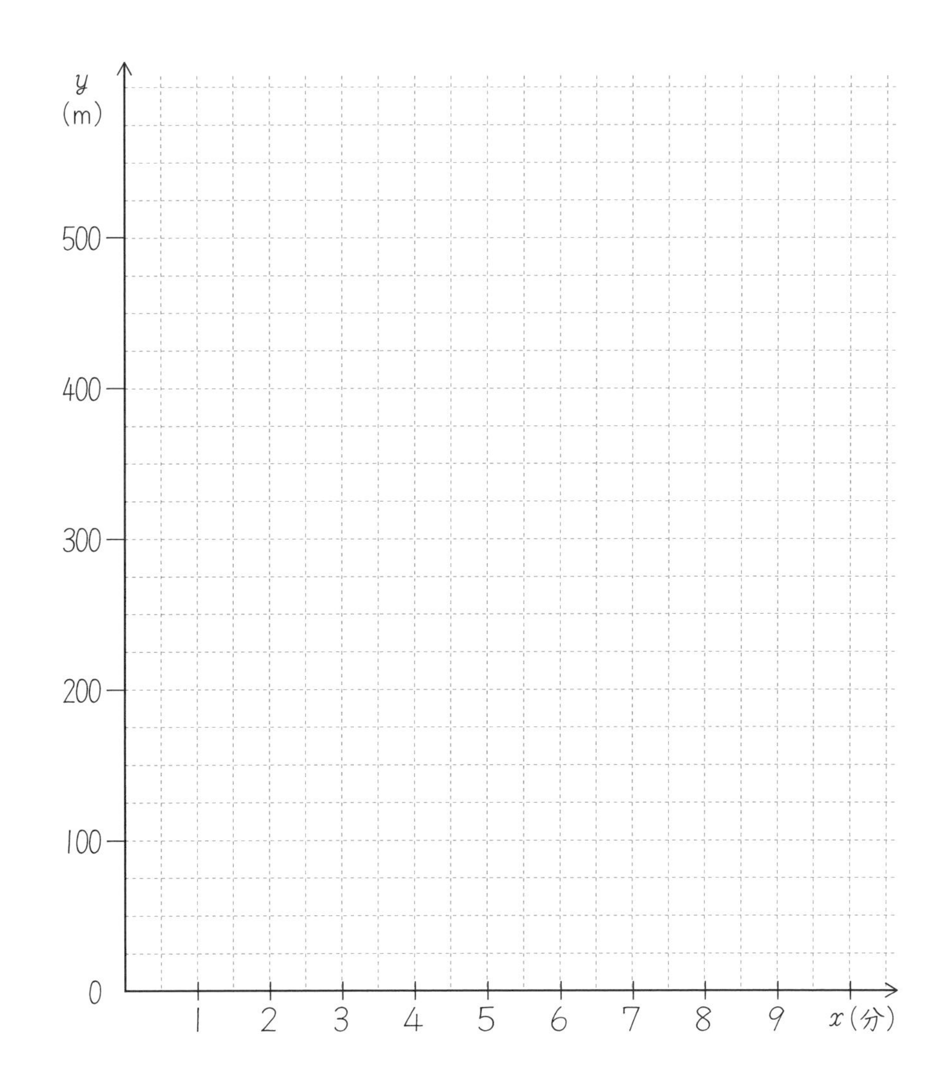

10 比例・反比例 ⑧

学習日　月　日
名前

1 水そうに水を入れます。1分間に2cmずつ水の深さが増えるようにします。入れる時間をx分、水の深さを$y$cmとして表を完成させましょう。
また、yをxの式で表しましょう。

時間　x（分）	0	1	2	3	4	5	6	7	8	9
深さ　y（cm）	0									

$y=$ ＿＿＿＿＿＿

2 **1**の表をグラフに表しましょう。

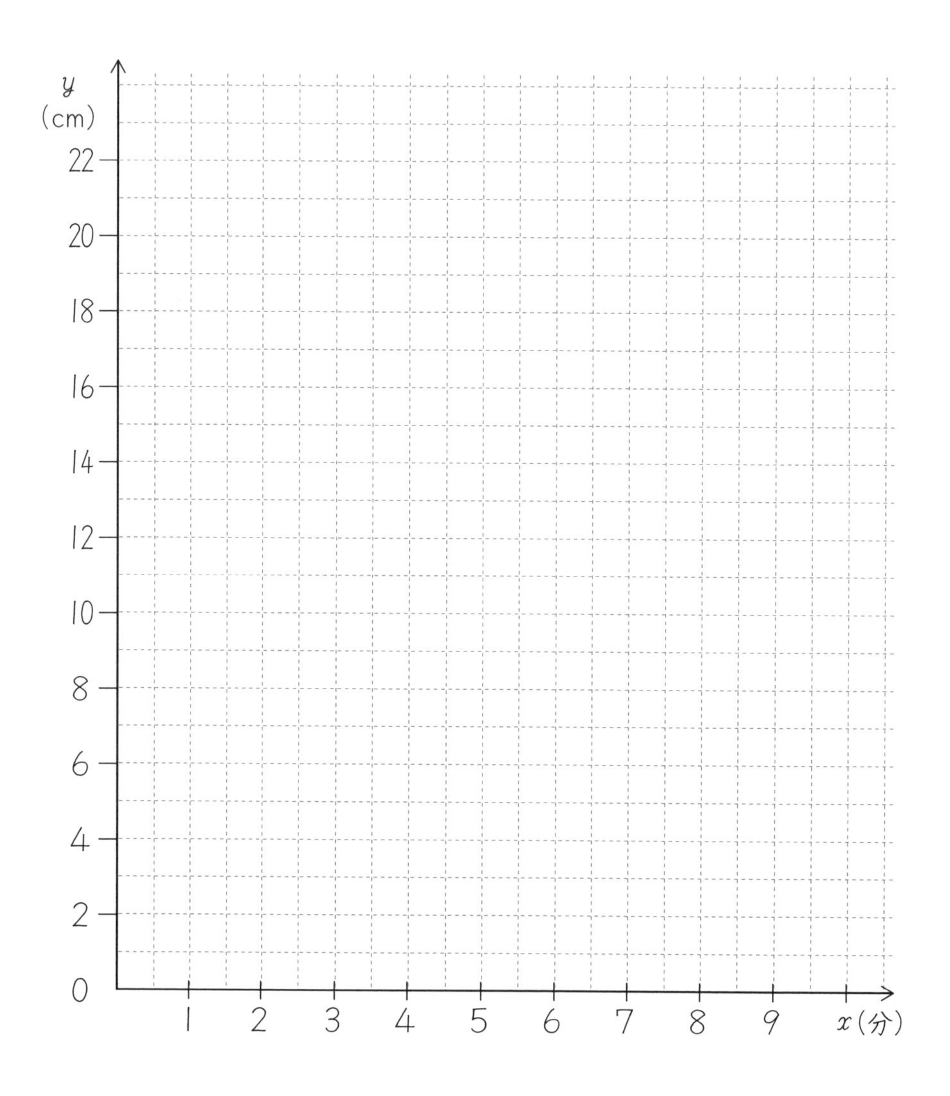

※　結果的にxが9、yが18の点と0の点を直線で結んだことになります。

10 比例・反比例 ⑨

学習日　月　日　名前

1 針金(はりがね)の長さ x m、重さ y g の関係を表にしました。

x（m）	0	1	2	3	4	5	6	7	⑧
y（g）	0	5	10	15	20	25	30	35	(40)

① ○でかこんだ点と0を直線で結びましょう。

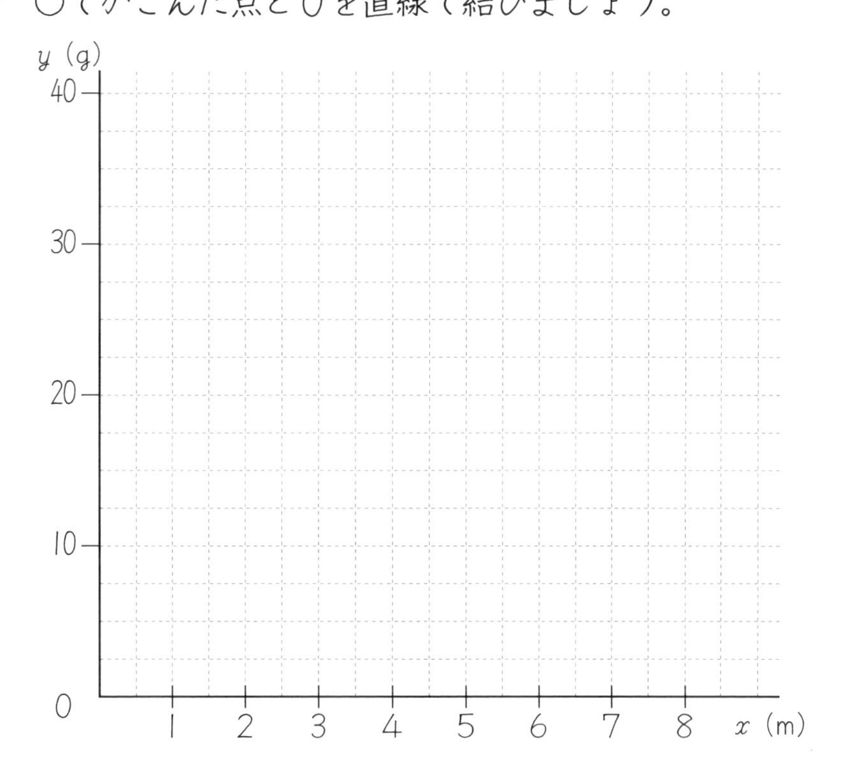

② y を x の式で表しましょう。

$y =$ ＿＿＿＿＿＿

2 歩いた時間 x 分と道のり y m の関係を表にしました。

x（分）	0	1	2	3	4	5	6	7	⑧
y（m）	0	50	100	150	200	250	300	350	(400)

① ○でかこんだ点と0を直線で結びましょう。

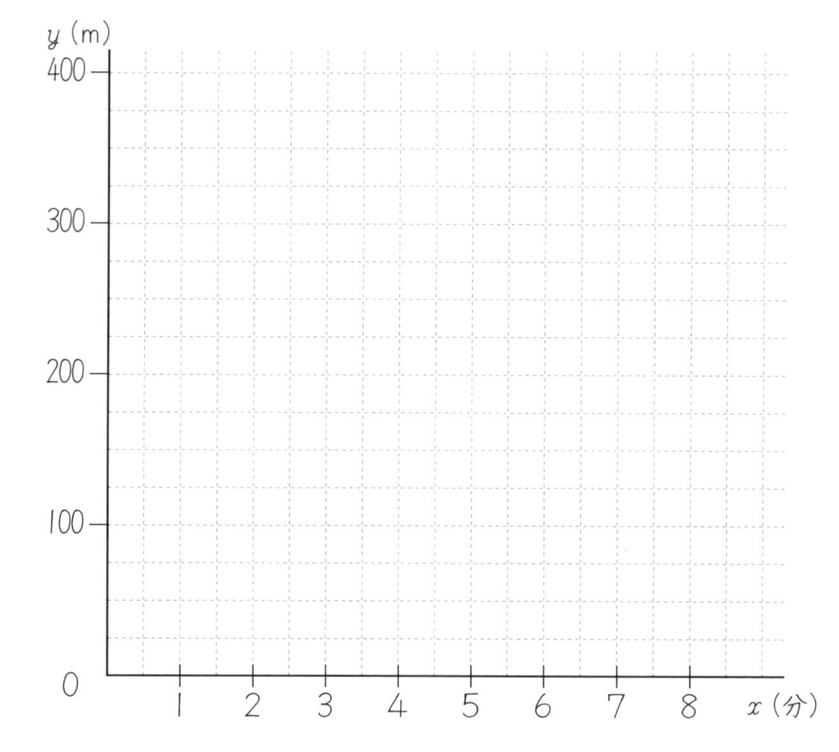

② y を x の式で表しましょう。

$y =$ ＿＿＿＿＿＿

10 比例・反比例 ⑩

学習日　月　日　名前

1 次のグラフは、フェリーが、同じ速さで進むときの時間 x 時間と道のり y kmを表したものです。

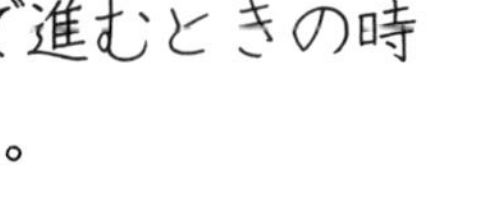

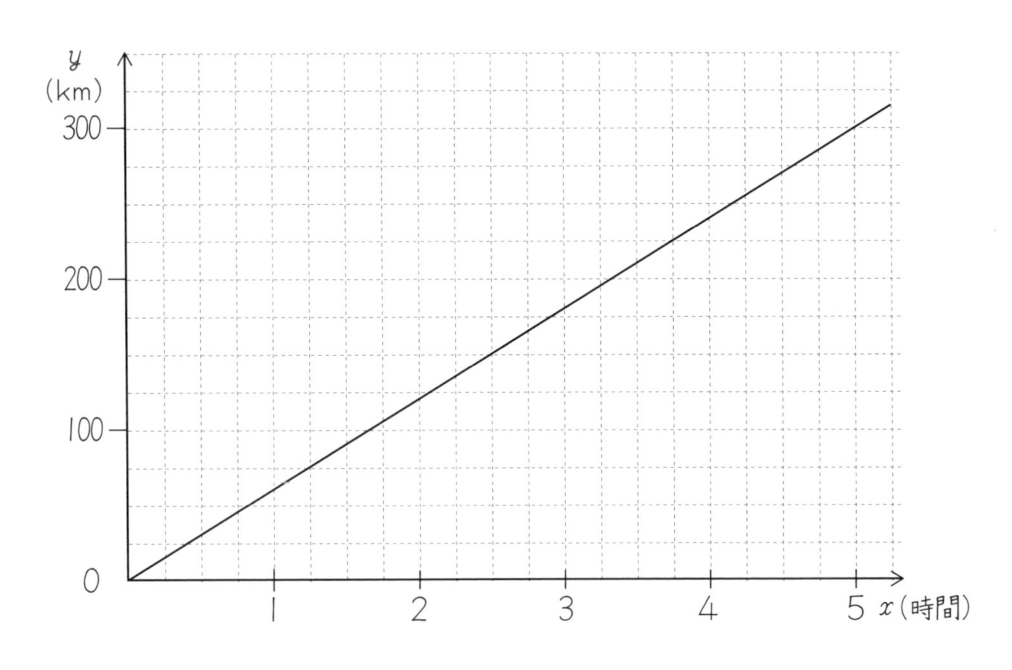

① 出発してから２時間30分で何km進みますか。

答え

② 300km進むには何時間かかりますか。

答え

2 分速50ｍと分速40ｍの人が同時に出発しました。

① 分速50ｍで歩く人のグラフは、A、Bのどちらですか。

答え

② 分速50ｍの人が200ｍを通過してから何分後に分速40ｍの人が通過しますか。

答え

10 比例・反比例 ⑪

学習日　月　日　名前

比例の問題を解くとき、単位あたり量について求めることが多くあります。

1 4時間で32m²のかべにペンキをぬる人がいます。
この速さで48m²のかべをぬるのにかかる時間は何時間ですか。

x（時間）	4	?
y（m²）	32	48

1時間でぬれる面積は

式　32÷4

答え

2 15Lのガソリンで120km走る車は、75Lのガソリンでは何km走りますか。

x（L）	15	75
y（km）	120	?

1Lのガソリンで走れるきょりは

式

答え

3 35cmの針金（はりがね）が105gのとき、この針金30cmの重さは何gですか。

x（cm）	30	35
y（g）	?	105

式

答え

4 900円でロープが75m買えます。600円では、何m買えますか。

x（m）	?	75
y（円）	600	900

式

答え

10 比例・反比例 ⑫

学習日　月　日　名前

比例の性質として、一方が２倍、３倍になると、他方も２倍、３倍になります。この性質を使って問題を解くこともあります。

1 ７mの重さが80gの針金（はりがね）があります。この針金21mの重さは何gですか。

x（m）	7	21
y（g）	80	?

21mは７mの３倍

式

答え

2 25本のくぎの重さは67.5gでした。100本のくぎは何gですか。

x（本）	25	100
y（g）	67.5	?

100本は25本の４倍

式

答え

3 265kmを３時間で走る車があります。9時間走ると何km進みますか。

x（時間）	3	9
y（km）	265	?

式

答え

4 ７aの畑から小麦が400kgとれました。同じようにとれるとして、42aの畑から何kgの小麦がとれますか。

x（a）	7	42
y（kg）	400	?

式

答え

10 比例・反比例 ⑬

学習日　月　日　名前

色をぬろう　わからない　だいたいできた　できた！

ともなって変わる2つの量について、xの値が、2倍、3倍、……になると、yの値は$\frac{1}{2}$、$\frac{1}{3}$、……になるとき、yはxに **反比例する** といいます。

比例とは、ちがいますね。

たとえば、面積が12cmの長方形の縦の長さを$x$cm、横の長さを$y$cmとすれば、yはxに反比例します。

表を示すと

縦　x（cm）	1	2	3	4	5	6
横　y（cm）	12	6	4	3	2.4	2

xの値が1から2へと2倍になれば、yの値は、12から6へと$\frac{1}{2}$になります。

xの値が1から3へと3倍になれば、yの値は12から4と$\frac{1}{3}$になります。

つまり、yはxに反比例していることがわかります。

また、yの値が2倍、3倍、……になるとき、xの値は$\frac{1}{2}$、$\frac{1}{3}$、……になることも確認できますので、xはyに反比例していることもわかります。

1　6kmの道のりを、時速$x$kmで歩いたときのかかる時間をy時間として表をつくりました。

時速　x（km）	1	2	3	4	5	6
時間　y（時間）	6	3	2	1.5	㋐	㋑

①　xの値が1から2へと2倍になったとき、yの値は何倍になりますか。

答え

②　xの値が1から3へと3倍になったとき、yの値は何倍になりますか。

答え

③　yはxに反比例しているといえますか。

答え

④　表の㋐と㋑の値を求めましょう。

答え　㋐　　㋑

10 比例・反比例 ⑭

学習日　月　日　名前

1 面積が18 cm²の長方形の、縦(たて)の長さ x cm、横の長さ y cmとして表をつくりました。

縦　x（cm）	1	2	3	4	5	6
横　y（cm）	18	9	6	4.5	3.6	3
$y \times x$	18	18	18	18	㋐	㋑

① yはxに反比例しているといえますか。

答え

② 表の㋐、㋑の値(あたい)を求めましょう。

答え　㋐　　㋑

※ 上の問題で、$y \times x$ の値は、いつも決まった数になります。この決まった数18を使って、yをxの式で表すと、次のようになります。

$$y = 18 \div x$$

2 12cmのリボンをx本に等分し、そのときの長さをy cmとして表をつくりました。

本数　x（本）	1	2	3	4	5	6
長さ　y（cm）	12	6	4	3	2.4	2
$y \times x$						

① yはxに反比例しているといえますか。

答え

② 表の $y \times x$ の値を求めましょう。この値はいつも同じ値になります。それを答えましょう。

答え

③ yをxの式で表しましょう。

$y =$ ＿＿＿＿

比例・反比例 ⑮

学習日　月　日　名前

1 右の三角形の面積は、6 cm^2です。

面積6 cm^2の三角形の底辺の長さを x cm、高さを y cmとして、表を完成させましょう。

また、y を x の式で表しましょう。

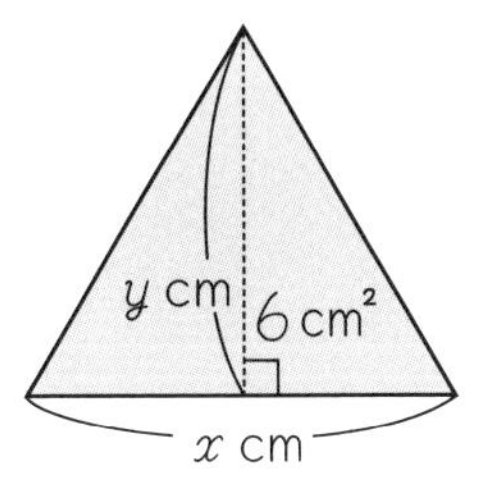

底辺　x (cm)	1	2	3	4	5	6	…	8	…	10	…	12
高さ　y (cm)												

y = ______

〈反比例のグラフの注意点〉

対応する点をとって、なめらかな曲線でむすびます。

2 **1**でつくった表をグラフに表しましょう。

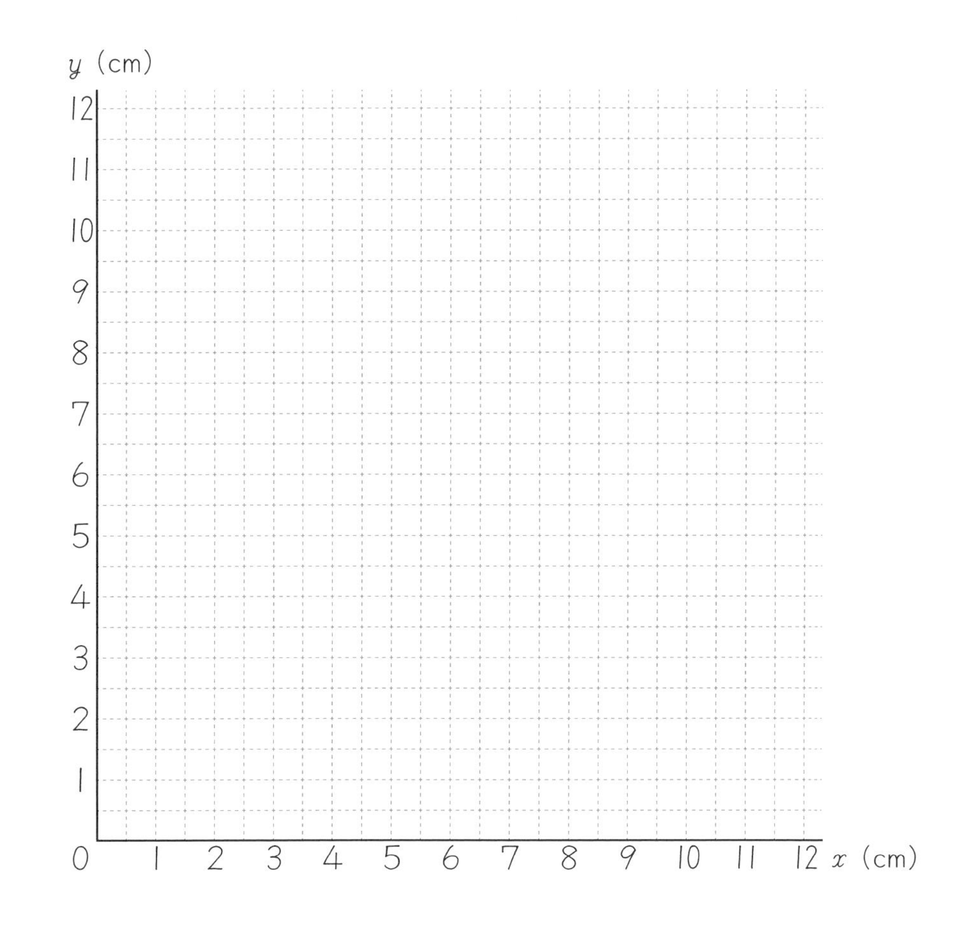

学習日　月　日　名前

1 面積が18cm^2の長方形があります。この長方形の縦（たて）の長さをx cm、横の長さをy cmとして表を完成させましょう。

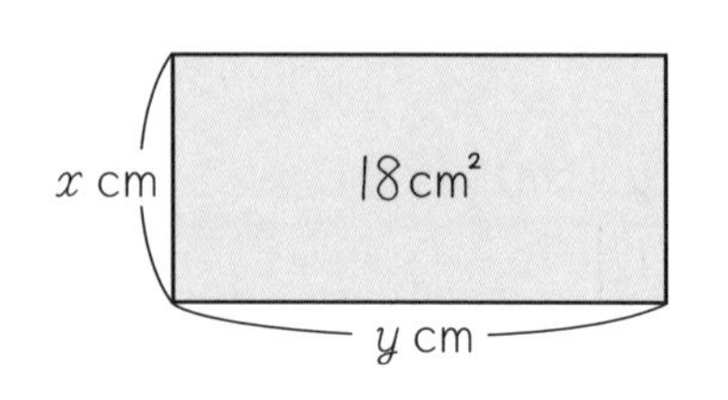

また、yをxの式で表しましょう。

縦　x（cm）	1	2	3	4	5	6	8	9	10	18
横　y（cm）							2.25			

$y=$ ＿＿＿＿＿＿

2 **1**でつくった表をグラフに表しましょう。

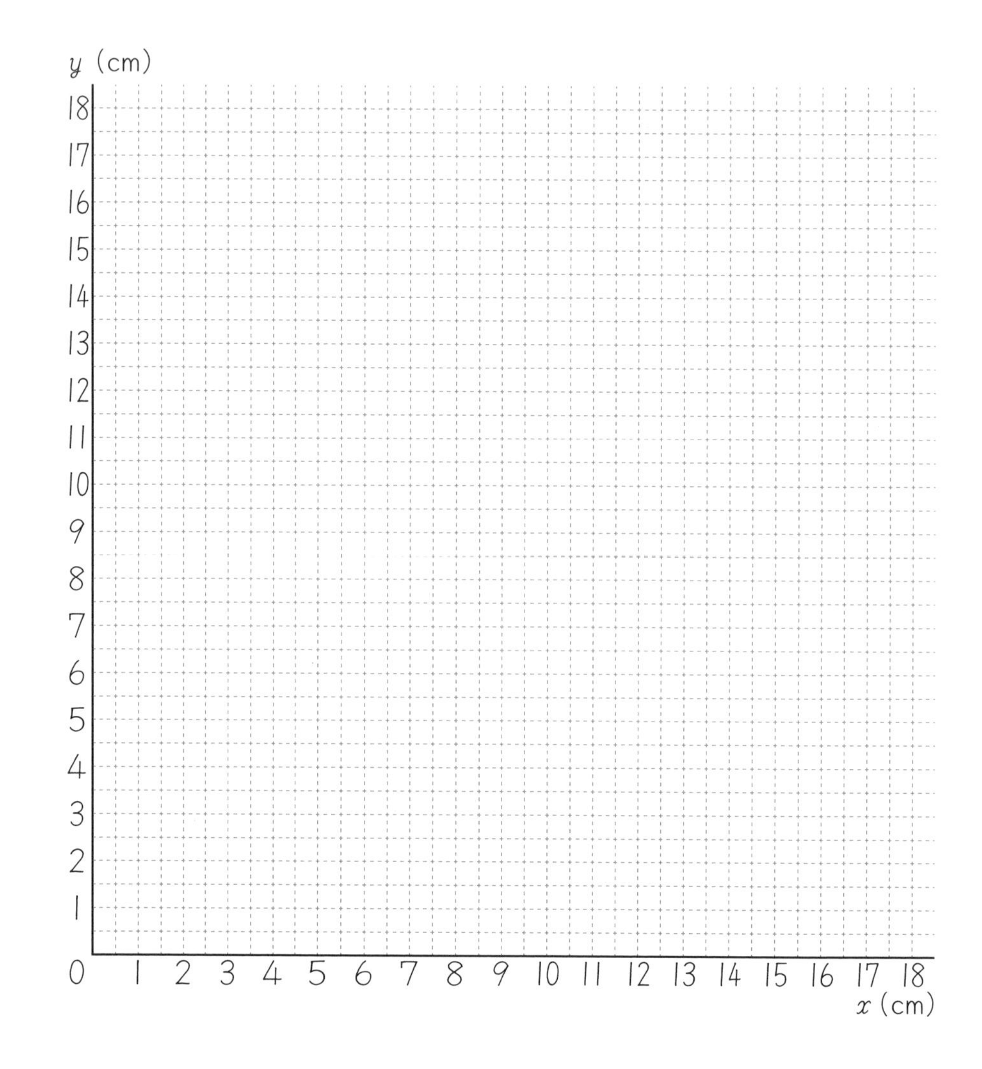

10 比例・反比例 ⑰

学習日　月　日　名前

色をぬろう　わからない　だいたいできた　できた！

反比例の性質として $x \times y$ ＝決まった数 があります。この関係を利用して解いていきます。

1 時速5kmで進むと6時間かかるところがあります。同じところを時速10kmで進むと何時間かかりますか。

時速 x km	5	10
y 時間	6	?

速さ×時間＝道のり

式

答え

2 1分間に8Lずつ水を入れると6分間かかる水そうがあります。この水そうに1分間に12L入れると何分かかりますか。

x（L）	8	12
y（分）	6	?

水そうの大きさは

式

答え

3 まんじゅうをつくる人は、どの人も同じ速さです。2人でつくると30分かかります。6人でしたら何分かかりますか。

x（人）	2	6
y（分）	30	?

式

答え

4 時速40kmで進むと3時間かかります。同じ道を2時間で行くには、時速何kmで行けばいいですか。

時速 x km	40	?
y 時間	3	2

式

答え

10 比例・反比例 ⑱ まとめ

学習日　月　日　名前　　点　合格 80〜100点

1 次の2つの数量が、比例するものには○、反比例するものには△、どちらでもないものは×をかきましょう。（1つ6点）

① (　　　) 底辺の長さ6cmの三角形の高さと面積

② (　　　) 面積が24cm²の長方形の縦（たて）と横の長さ

③ (　　　) 1mのリボンから切りとった長さと残りの長さ

④ (　　　) 時速30kmで進むときのかかる時間と進んだ道のり

⑤ (　　　) 1000円持っているとき、使った金額と残っている金額

⑥ (　　　) 200m走るときの秒速とかかる時間

2 xとyの関係が、比例するものに○、反比例するものに△をかきましょう。（1つ6点）

① $x \times y = 4$ (　　　)　② $y \div x = 3$ (　　　)

③ $y = 2 \times x$ (　　　)　④ $y = 8 \div x$ (　　　)

3 気温は、地上から1km上がるごとに6度下がります。
地上の温度が27度のとき、地上から4kmの上空の気温は何度ですか。（式10点、答え10点）

式

答え

4 時速54kmで5時間かかる道を、時速60kmで走ると、何時間かかりますか。（式10点、答え10点）

式

答え

11 場合の数 ①

学習日　月　日　名前

色をぬろう　わからない　だいたいできた　できた！

いろいろな場面で、場合の数を調べるときには、数え落ちや重複がないように調べます。

1 遊園地に行きました。いろいろな乗り物からジェットコースター、観覧車（かんらんしゃ）、ゴーカートの３つを選びました。
乗る順番は何通りありますか。
（ジェットコースター…A、観覧車…B、ゴーカート…C）

（１番）　（２番）　（３番）

A < B — C
　　C — B

B <

C <

答え

※ 数え落ちや重複をさけるための木の枝のような上の図を **樹形図**（じゅけいず） といいます。

2 遊園地の乗り物から、ジェットコースター、観覧車、ゴーカート、メリーゴーランドの４つを選びました。
乗る順番は何通りありますか。
（ジェットコースター…A、観覧車…B、ゴーカート…C、メリーゴーランド…D）

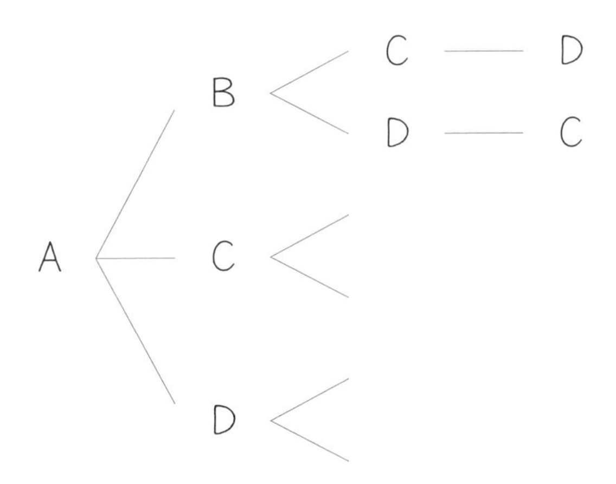

Aを１番目に乗る乗り方は６通りあります。
B、C、Dを１番目に乗る乗り方も同じ数があるので

答え

11 場合の数 ②

学習日　月　日　名前

色をぬろう　わからない　だいたいできた　できた！

1 右の3枚のカードをならべて、3けたの整数をつくります。全部で何通りありますか。

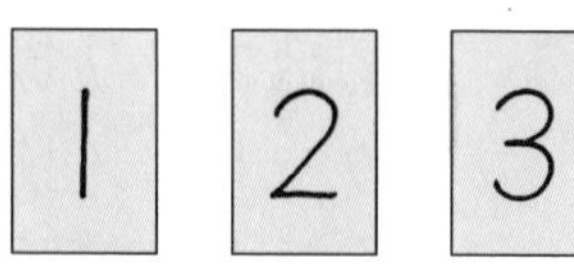

（百の位）（十の位）（一の位）

1 ＜ 2 ― 3
　　 3 ― 2

2 ＜

3 ＜

答え

2 右の4枚のカードをならべて、4けたの整数をつくります。全部で何通りありますか。

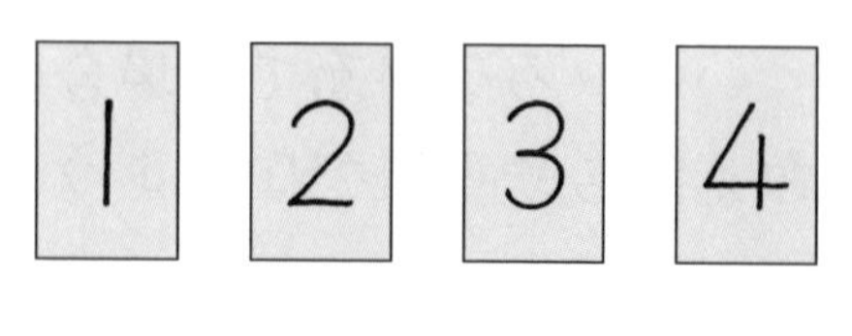

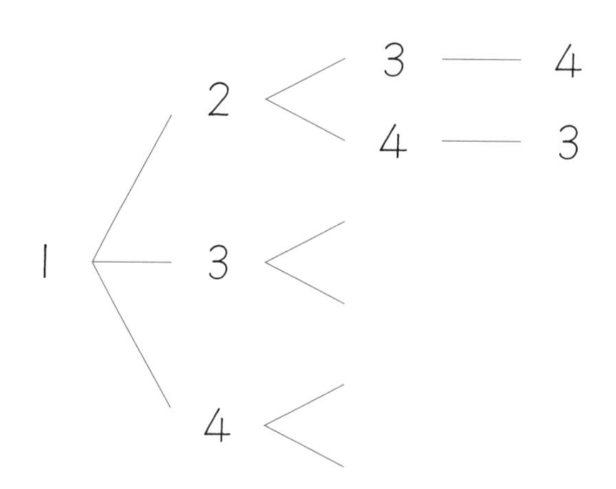

千の位が1となるのは□通りです。

千の位が2、3、4となる場合も同じ数ずつあるので

答え

11 場合の数 ③

学習日　月　日　名前

1 右の4枚(まい)のカードから、2枚選んで2けたの整数をつくります。全部で何通りありますか。

（十の位）（一の位）

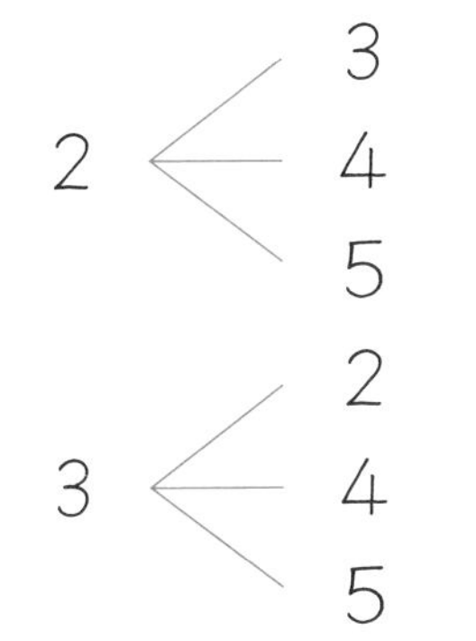

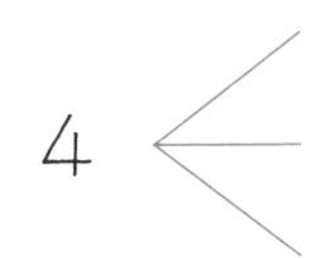

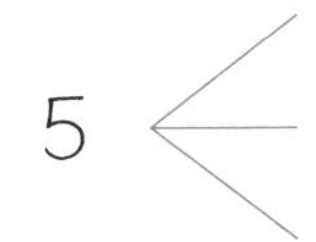

答え

2 コインを続けて2回投げます。このとき、表と裏(うら)の出方は何通りありますか。

（1回目）（2回目）

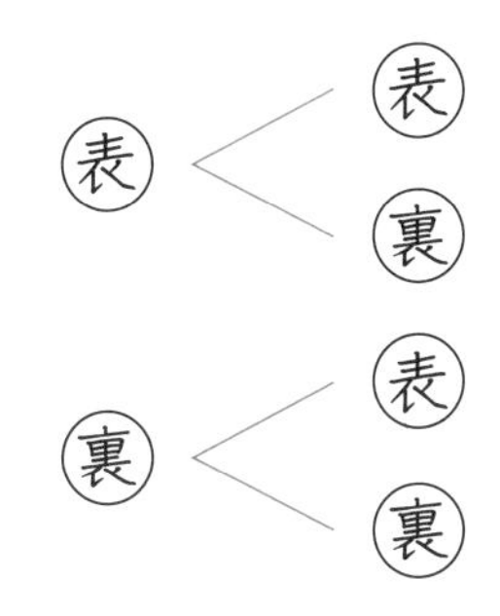

答え

3 コインを続けて3回投げます。このとき、表と裏の出方は何通りありますか。

2の2回目のあとに、表、裏の枝が2つつくので

答え

場合の数 ④

学習日　月　日　名前

1 A、B、C、Dの4チームで試合をします。
どのチームも、ちがったチームと1回ずつ試合をします。全部で何試合になりますか。

	A	B	C	D
A		○		
B				
C				
D				

答え

2 いちご、もも、なし、みかんの4つの中から2種類選びます。どんな組み合わせができて、合計何通りになりますか。

いちご	もも	なし	みかん
○	○		
○		○	

組み合わせは

，

，

，

答え

11 場合の数 ⑤

学習日　　月　　日　名前

色をぬろう　わからない　だいたいできた　できた！

1 赤、青、黄、白、緑の５色から２色選びます。
どんな組み合わせができますか。また合計何通りありますか。

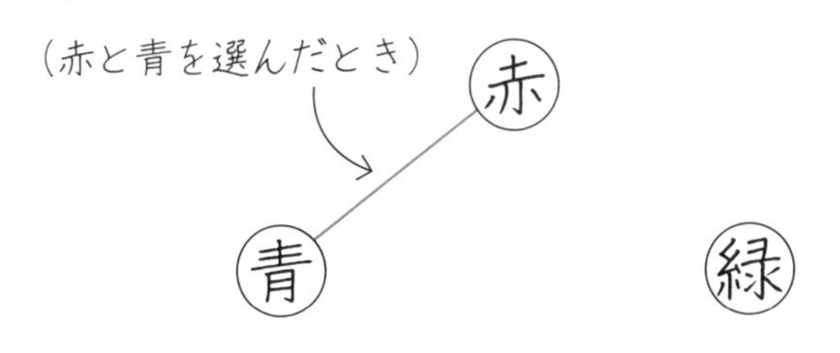

黄　白

組み合わせは

　　　　,　　　　

　　　　,　　　　

　　　　,　　　　

　　　　,　　　　

　　　　,　　　　

答え

2 10円、50円、100円、500円の４つの種類のお金から、２種類選んでできる金額をかきましょう。また、合計何通りになりますか。

10円	50円	100円	500円	できる金額
○	○			60円

答え

11 場合の数 ⑥

学習日　月　日　名前

色をぬろう　わからない　だいたいできた　できた！

1 赤、青、黄の3色から2色を選んで、右のもようをぬることを考えます。

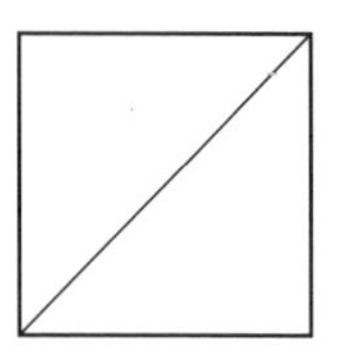

① 赤と青を選んだときは何通りですか。

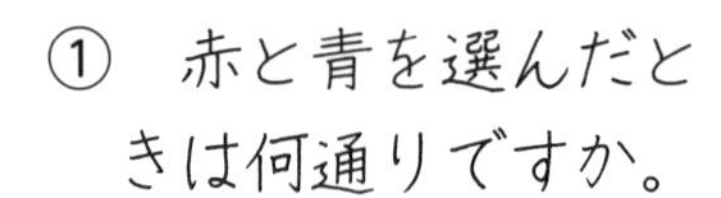

答え

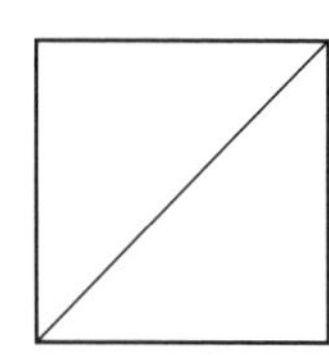 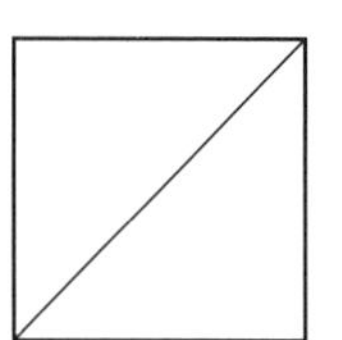

② 赤と黄を選んだときは何通りですか。

答え

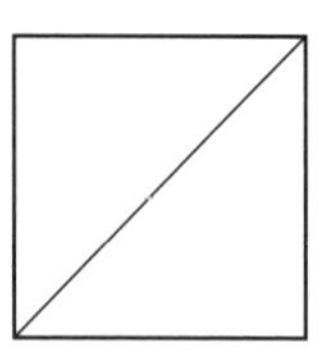 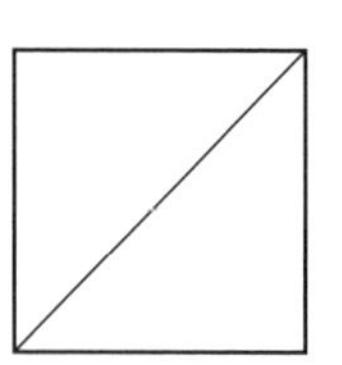

③ 青と黄を選んだときは何通りですか。

答え

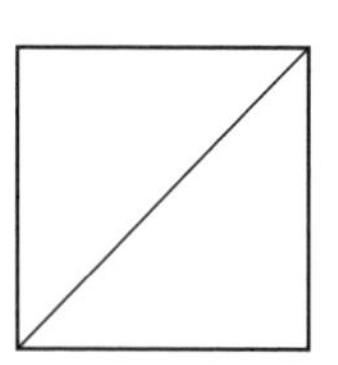 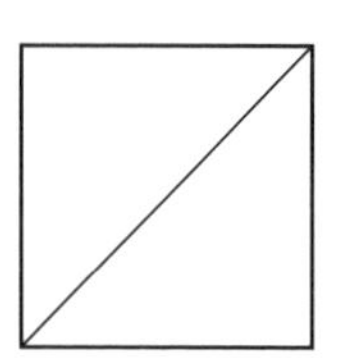

④ 3色から2色選んで、上のもようをぬり分ける方法は全部で何通りですか。

答え

2 → から → への通り方を線でかきましょう。後もどりはできません。

①

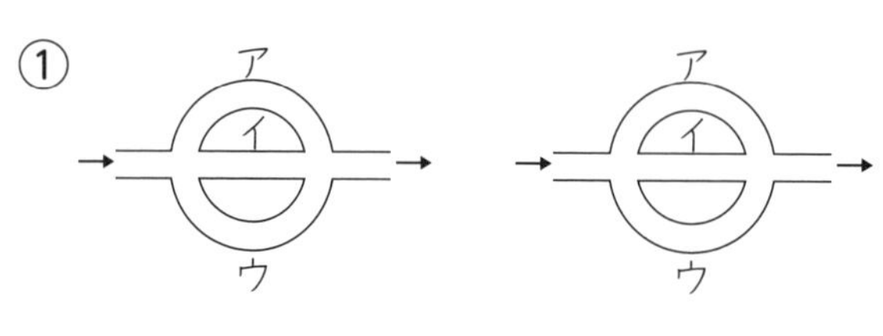

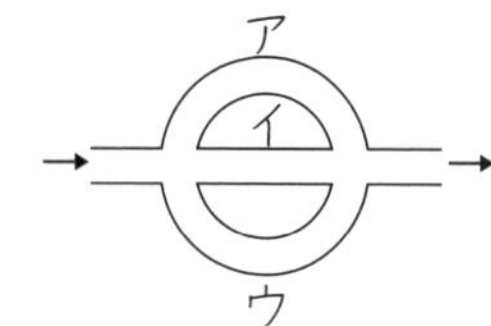

②

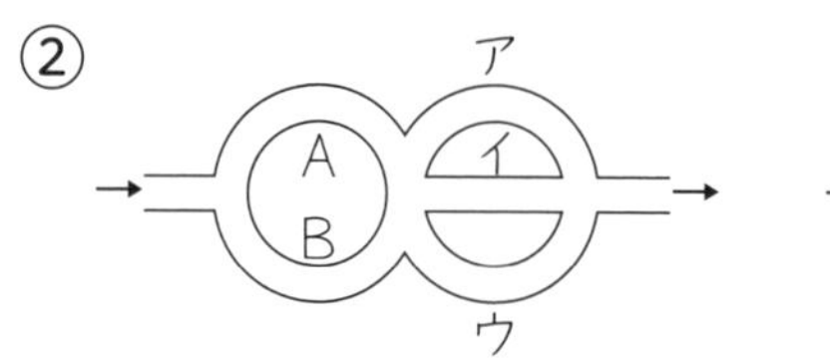

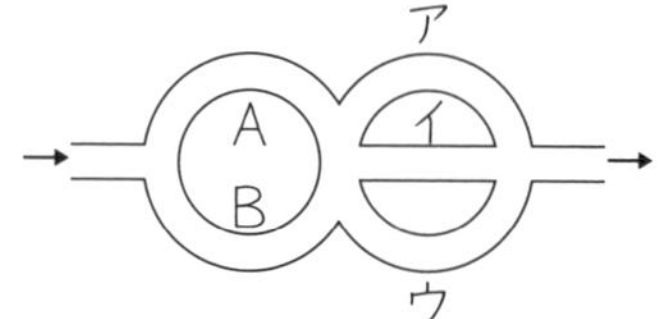

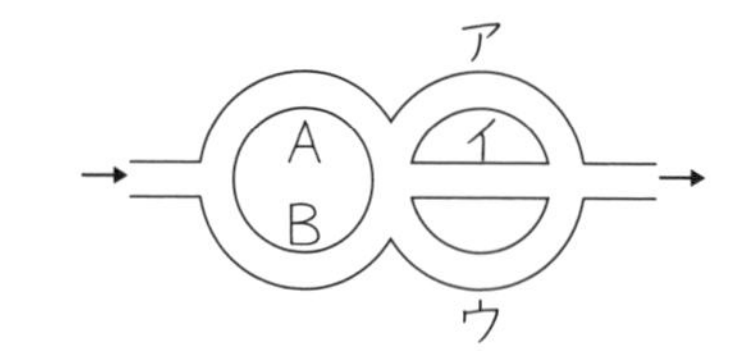

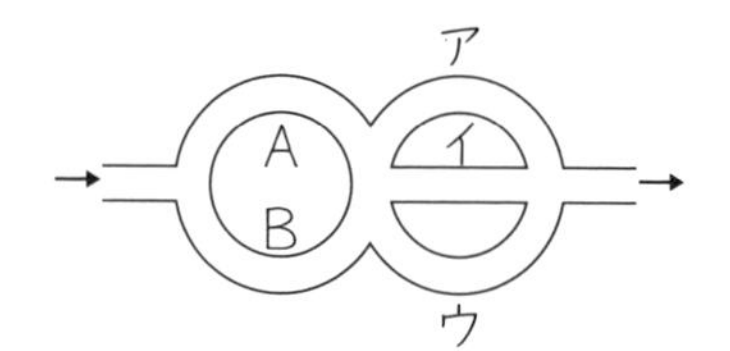

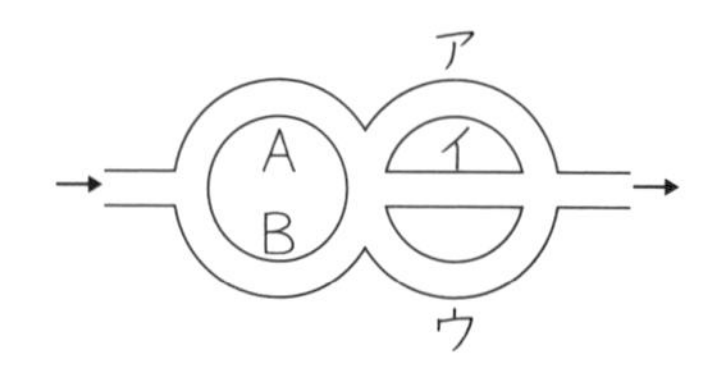

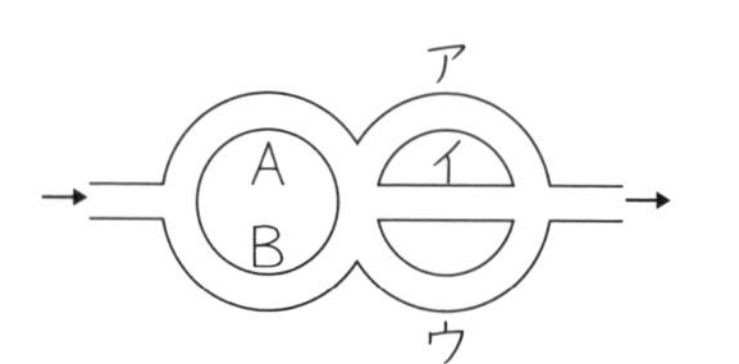

12 資料の整理 ①

学習日　月　日　名前

1 次の表は、１組、２組、３組のソフトボール投げの記録です。

ソフトボール投げの記録（m）

１組 15人	32	39	33	43	28	37	34	37
	40	38	29	34	30	34	31	
２組 16人	27	37	37	29	37	38	32	40
	23	30	28	42	24	36	26	34
３組 14人	29	31	33	40	37	35	36	33
	37	38	39	38	33	31		

① １組で、一番遠くまで投げた人の記録は何mですか。

答え

② １組の平均は何mですか。

式

答え

2 **1**の表を見て答えましょう。

① ２組で、一番遠くまで投げた人の記録は何mですか。

答え

② ３組で、一番遠くまで投げた人の記録は何mですか。

答え

③ ２組の平均は何mですか。

式

答え

④ ３組の平均は何mですか。

式

答え

⑤ 平均でくらべると、記録がよいのはどの組ですか。

答え

12 資料の整理 ②

学習日　月　日　名前

色をぬろう　わからない　だいたいできた　できた！

1　次の表は、1組、2組、3組のソフトボール投げの記録です。

ソフトボール投げの記録（m）

1組 15人	32	39	33	43	28	37	34	37
	40	38	29	34	30	34	31	
2組 16人	27	37	37	29	37	38	32	40
	23	30	28	42	24	36	26	34
3組 14人	29	31	33	40	37	35	36	33
	37	38	39	38	33	31		

①　1組の記録を数直線に○でかきましょう。

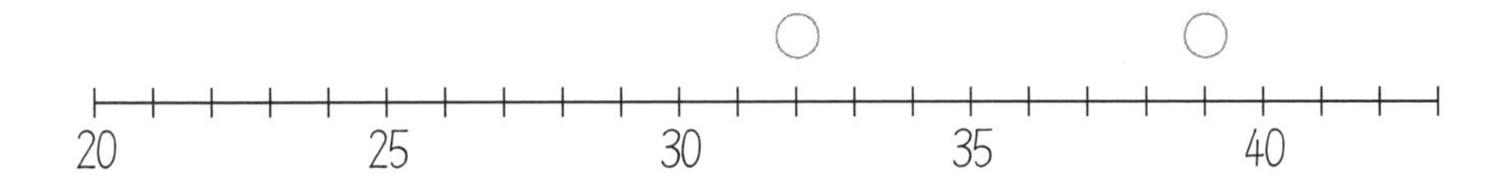

②　データの中で、最も多く出てくる値（あたい）を最ひん値（ち）といいます。1組の最ひん値をかきましょう。

答え

2　**1**の表を見て答えましょう。

①　2組の記録を数直線に○でかきましょう。

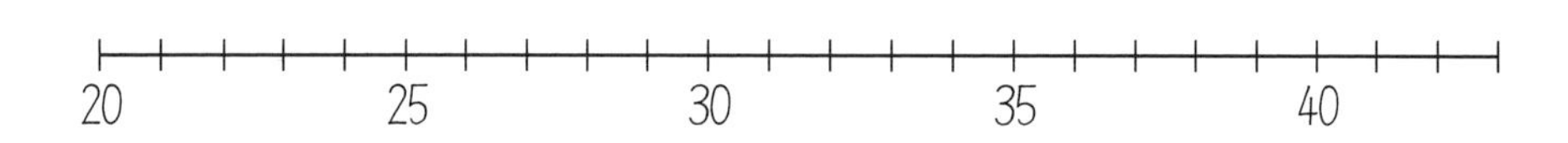

②　2組の最ひん値をかきましょう。

答え

③　3組の記録を数直線に○でかきましょう。

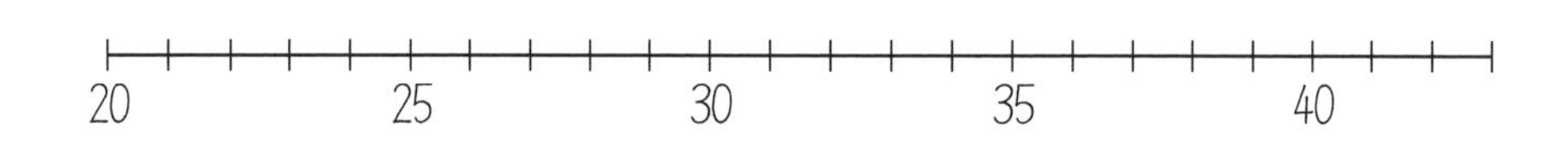

④　3組の最ひん値をかきましょう。

答え

⑤　最ひん値でくらべると、記録がよいのはどの組ですか。

答え

12 資料の整理 ③

学習日　月　日　名前

1 次の表は、１組、２組、３組のソフトボール投げの記録です。

ソフトボール投げの記録（m）

１組 15人	32	39	33	43	28	37	34	37
	40	38	29	34	30	34	31	
２組 16人	27	37	37	29	37	38	32	40
	23	30	28	42	24	36	26	34
３組 14人	29	31	33	40	37	35	36	33
	37	38	39	38	33	31		

１組の記録を右の表に整理しましょう。それぞれの階級に入った個数を度数といいます。

階　級	正の字	数
20m以上～25m未満		
25m～30m		
30m～35m		
35m～40m		
40m～45m		

2 **1**の表を見て答えましょう。

① ２組の記録を表に整理しましょう。

階　級	正の字	数
20m以上～25m未満		
25m～30m		
30m～35m		
35m～40m		
40m～45m		

② ３組の記録を表に整理しましょう。

階　級	正の字	数
20m以上～25m未満		
25m～30m		
30m～35m		
35m～40m		
40m～45m		

資料の整理 ④

学習日　月　日
名前

1 前ページのデータは、次のようになります。
それぞれの階級の数を **度数** といいます。

階　級	1組	2組	3組
20m以上～25m未満	0	2	0
25m～30m	2	4	1
30m～35m	7	3	5
35m～40m	4	5	7
40m～45m	2	2	1

1組の柱状グラフをかきましょう。

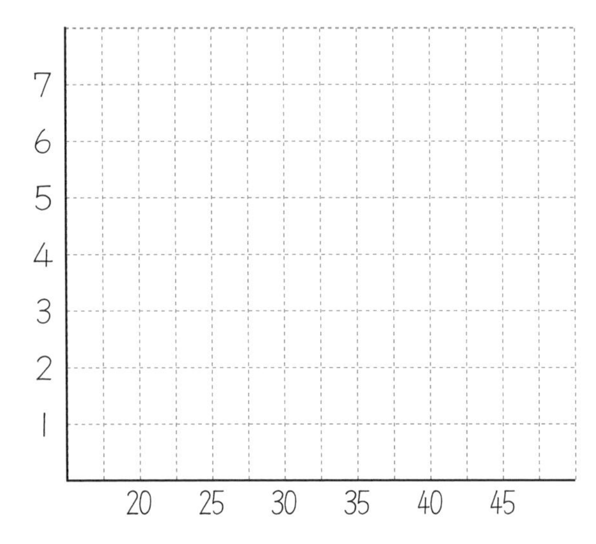

2 **1**の表を見て答えましょう。

① 2組の柱状グラフをかきましょう。

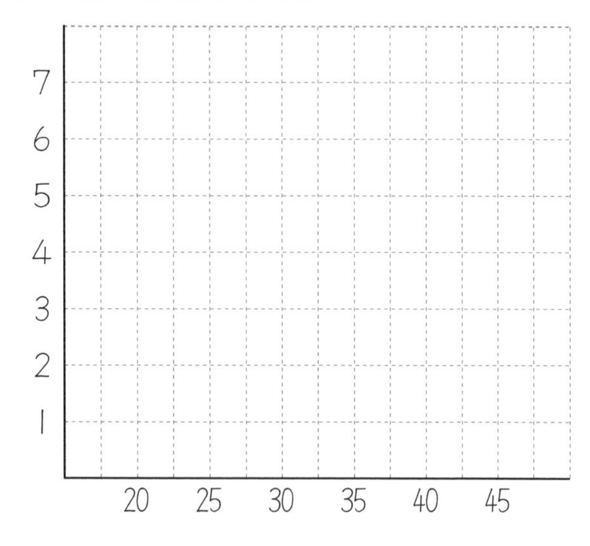

② 3組の柱状グラフをかきましょう。

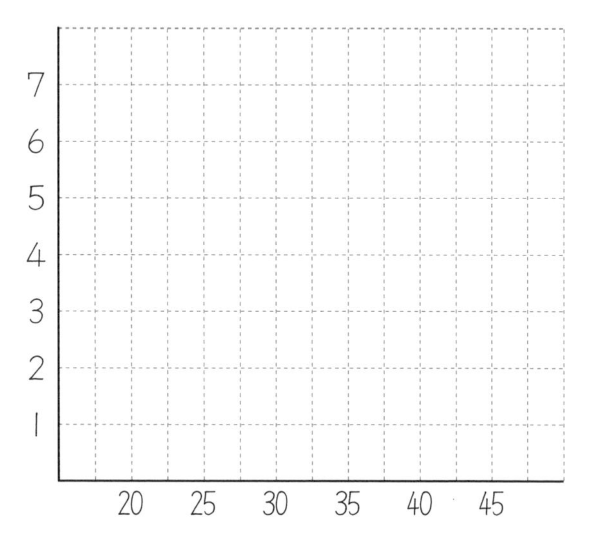

12 資料の整理 ⑤

学習日　月　日　名前

1 次の表は、１組、２組、３組のソフトボール投げの記録です。

ソフトボール投げの記録（m）

組								
１組 15人	32	39	33	43	28	37	34	37
	40	38	29	34	30	34	31	
２組 16人	27	37	37	29	37	38	32	40
	23	30	28	42	24	36	26	34
３組 14人	29	31	33	40	37	35	36	33
	37	38	39	38	33	31		

① １組のデータを小さい順にならべましょう。

② ちょうどまん中にある値(あたい)を中央値(ちゅうおうち)といいます。中央値を求めましょう。

答え

2 **1**の表を見て答えましょう。

① ２組のデータを小さい順にならべましょう。

② ２組の中央値を求めましょう。資料が偶数(ぐうすう)のときは、中央にならぶ２つの値の平均を求めます。

答え

③ ３組のデータを小さい順にならべましょう。

④ ３組の中央値を求めましょう。

答え

12 資料の整理 ⑥

学習日　月　日

名前

データの特ちょうを調べたり、伝えたりするとき、1つの値で代表させて比べることがよくあります。このような値を **代表値** といいます。

代表値には、**平均値**、**最ひん値**、**中央値** などがあります。

平均値 ………平均値＝$\dfrac{\text{資料の数の合計}}{\text{資料の個数}}$

最ひん値 ……資料の中で最も多く表れる値

中央値 ………資料を小さい順にならべたとき中央にくる値
（資料数が偶数個のときは、中央の2個の値の平均）

1 資料の整理①（P.97）～資料の整理⑤（P.101）の内容を見てまとめましょう。

	1組	2組	3組
一番遠くまで投げた人の記録	m	m	m
平均値	m	m	m
最ひん値	m	m	m
中央値	m	m	m
35m以上の割合			
柱状グラフで度数の多い階級			

12 資料の整理 ⑦

学習日　月　日　名前

色をぬろう　わからない　だいたいできた　できた！

1 次の表は6年生の体重で、小数点以下を四捨五入したものです。

6年生の体重21名（kg）

31	29	30	34	28	33	39
33	34	32	36	30	34	35
38	31	32	35	36	34	33

① 平均体重を求めましょう。小数第2位を四捨五入して小数第1位まで求めましょう。

式

答え

② 最ひん値を求めましょう。

27　30　35　40

答え

2 **1**の表を見て答えましょう。

① 次の階級に整理しましょう。

階　級	正の字	数
28kg（以上）～30kg（未満）		
30kg～32kg		
32kg～34kg		
34kg～36kg		
36kg～38kg		
38kg～40kg		

② 柱状グラフをかきましょう。

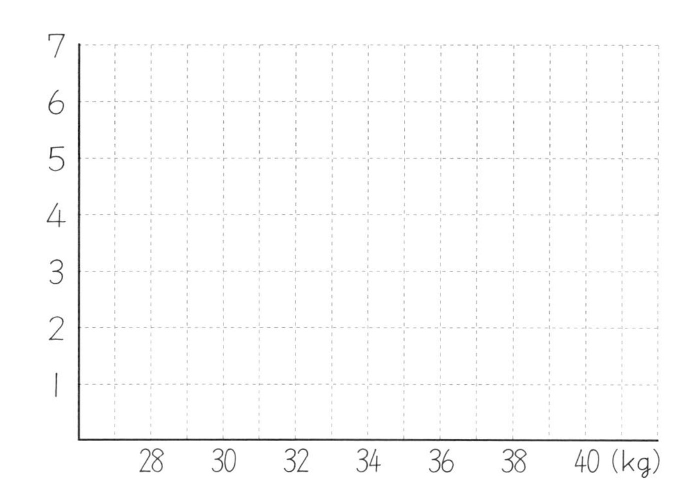

12 資料の整理 ⑧

学習日　月　日　名前

色をぬろう　わからない　だいたいできた　できた！

1 次の柱状グラフは、1組全員の50m走の記録です。

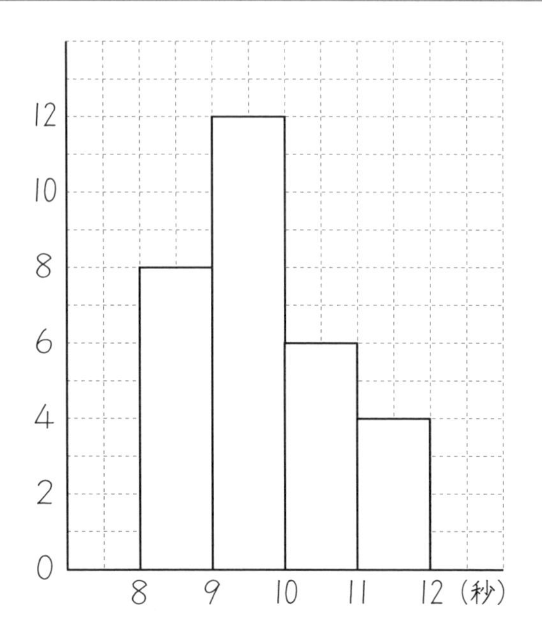

① 人数が一番多いのは、何秒以上、何秒未満のところですか。

答え

② 1組は全部で何人ですか。

答え

③ さとる君は9.2秒でした。速い方から数えて何番目から何番目の間にいますか。

答え

2 次の数は、6年生8人の身長の数値（すうち）（cm）です。

150、143、152、148
144、146、148、149

① 平均値を求めましょう。

式

答え

② 中央値を求めましょう。

答え

③ 最ひん値を求めましょう。

答え

特別ゼミ 規則性の発見 ①

学習日　月　日　名前

1 図のように、整数をA、B、Cの3つのグループに分けます。

A	1	4	7	10
B	2	5	8	11
C	3	6	9	12

① それぞれのグループの数を3でわったときのあまりをかきましょう。

A　（　　）
B　（　　）
C　（　　）

② 次の整数はA、B、Cのどこに分けられますか。

74　（　　）
81　（　　）
88　（　　）

3の倍数の見つけ方　各位の数の和が3の倍数になるときは3の倍数。

たとえば、整数123は、1＋2＋3＝6 となり3の倍数となります。

2 **1**のようなA、B、Cの3つのグループに分けましょう。

① 345　（　　）

② 413　（　　）

③ 286　（　　）

④ 509　（　　）

⑤ 661　（　　）

⑥ 780　（　　）

13 特別ゼミ 規則性の発見 ②

学習日 月 日 名前

色をぬろう わからない だいたいできた できた！

1 カレンダーを見て答えましょう。

日	月	火	水	木	金	土
1	2	3	4	5	6	7
8	9	10	11	12	13	14
15	16	17	18	19	20	21
22	23	24	25	26	27	28
29	30	31				

① 木曜日の列の数を、7でわるとあまりはいくつになりますか。

答え

② 7でわるとあまりが3になるのは、何曜日の列ですか。

答え

③ 60日目は何曜日ですか。

式

答え

2 1月1日が日曜日ならば、その年の5月3日は何曜日であるか調べます。

ただし、1月は31日間、2月は28日間、3月は31日間、4月は30日間とします。

① 5月3日は1月1日から何日間ですか。

式

答え

② 5月3日は何曜日ですか。

式

答え

③ 1月1日から365日目は何曜日ですか。

式

答え

④ 1月1日から1000日目は何曜日ですか。

式

答え

特別ゼミ 面　積

学習日　月　日　名前

1 次の▢部分の面積を求めましょう。

①

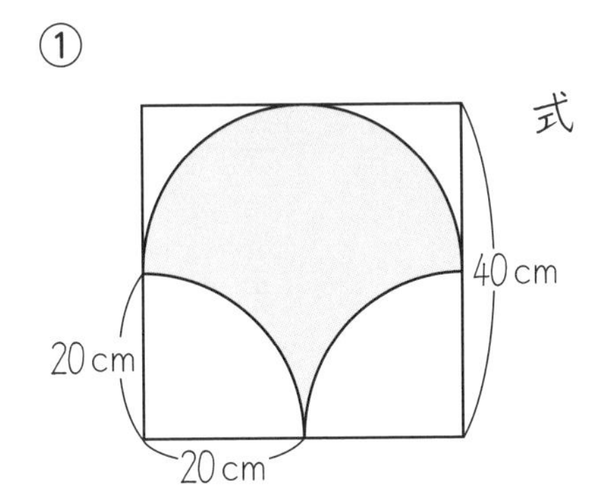

式

答え

②

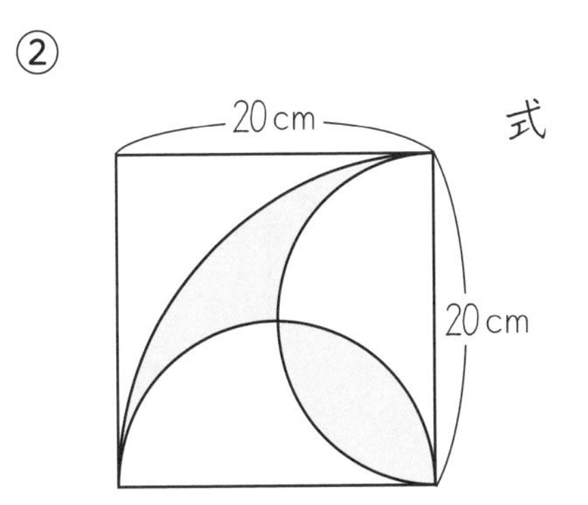

式

答え

2 次の▢部分の面積を求めましょう。

①

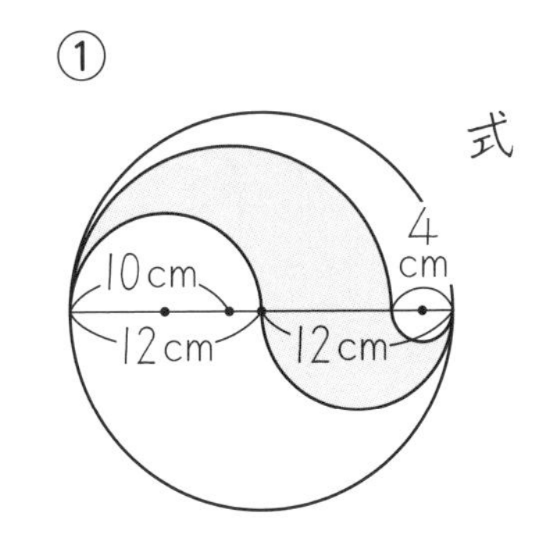

式

答え

②

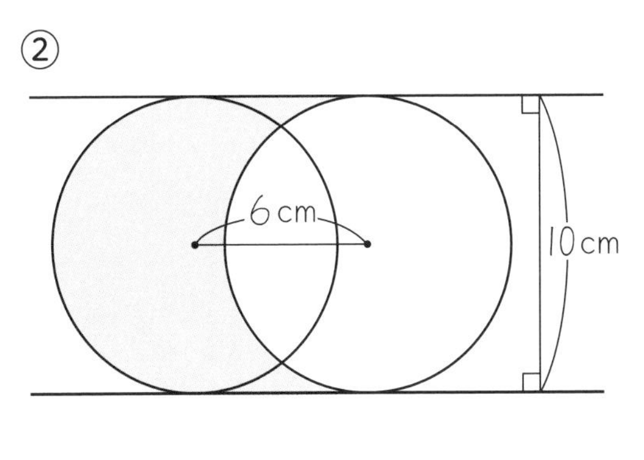

式

答え

特別ゼミ すい体

学習日　　月　　日　　名前

色をぬろう

1 次の立体を上から見た図と、横から見た図がかいてあります。どの立体ですか。記号で答えましょう。

㋐ 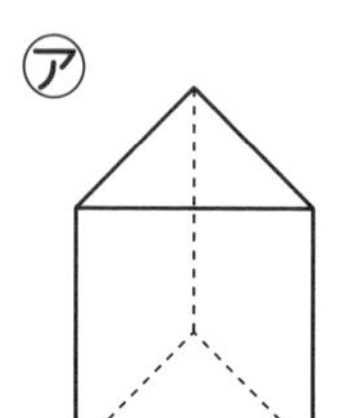

㋑ 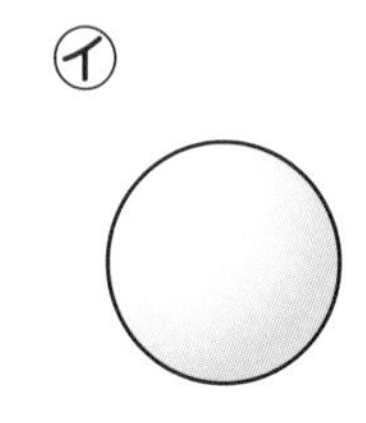

㋒ 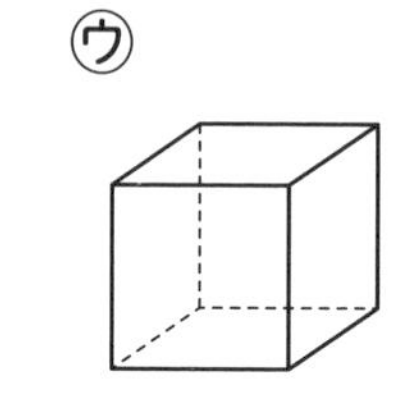

㋓ 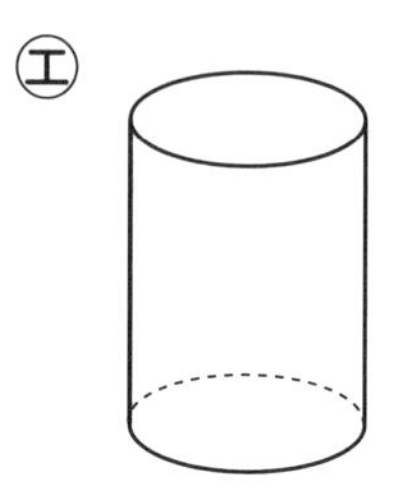

① 上から見た図　横から見た図

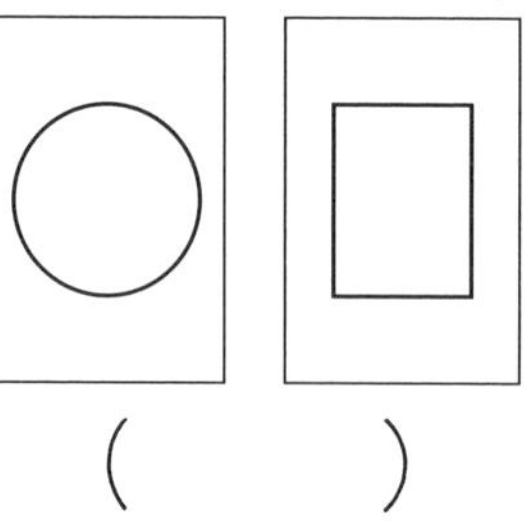

（　　　　）

②

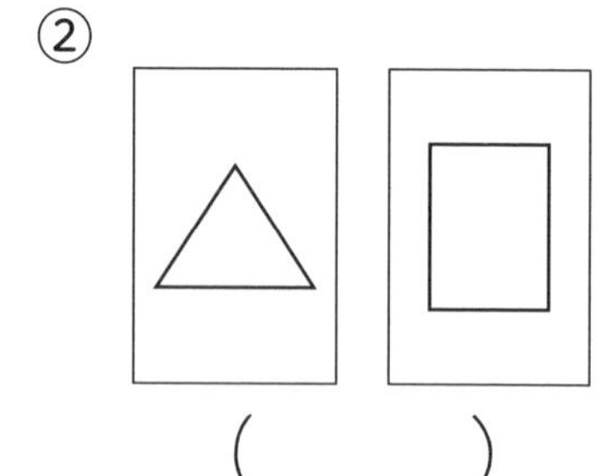

（　　　　）

③

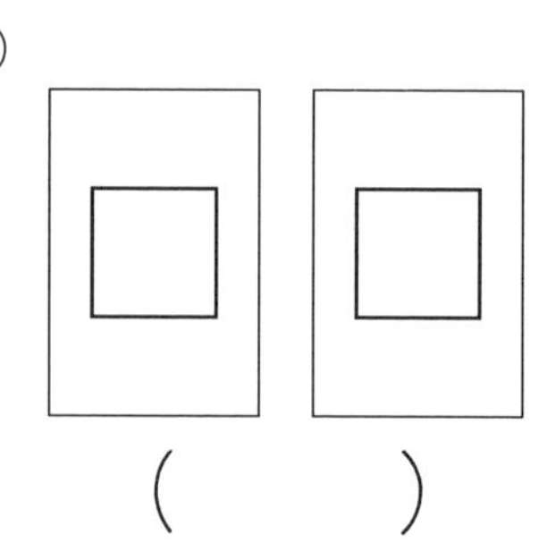

（　　　　）

④

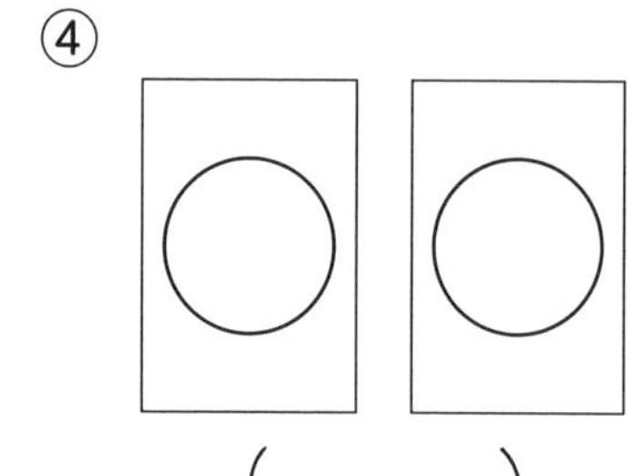

（　　　　）

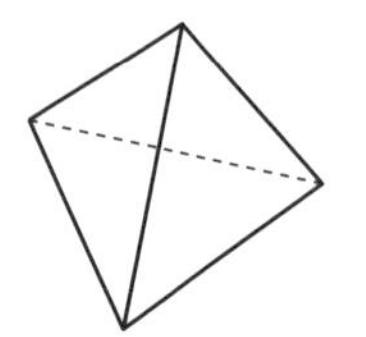
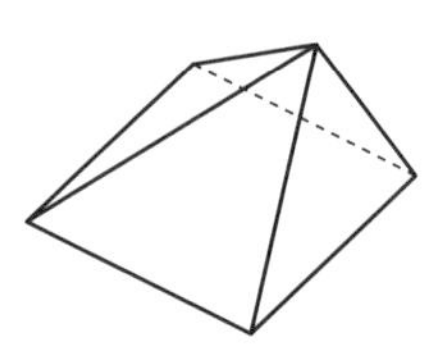
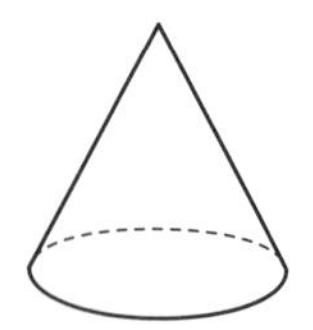

図のような先のとがった形を **すい** といいます。

底面の形によって、三角すい、四角すい、円すいなどがあります。

三角すいは、底面積が同じで、高さが等しい三角柱の体積の $\frac{1}{3}$ になります。

四角すいも同じで、高さが等しい四角柱の $\frac{1}{3}$ の体積になります。右の図は、立方体を３つに切って、同じ四角すいが３個できていますね。

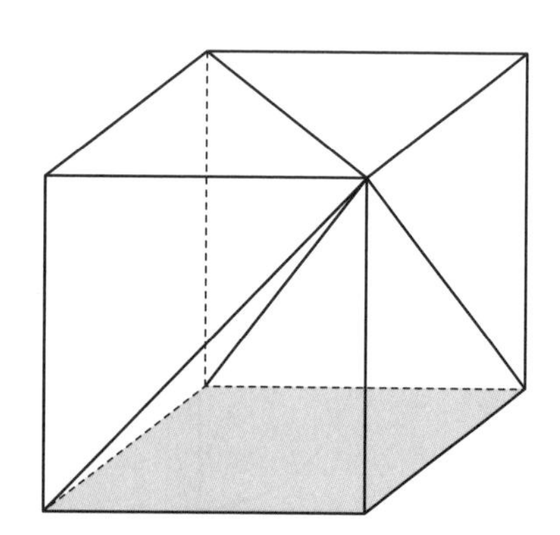

13 特別ゼミ 正の数・負の数 ①

学習日　月　日　名前

色をぬろう　わからない　だいたいできた　できた！

中学生になると、0より小さい数を学びます。

たとえば、温度計などで、氷のはるような寒い温度のとき、**−5℃（マイナス5℃）**といったりします。

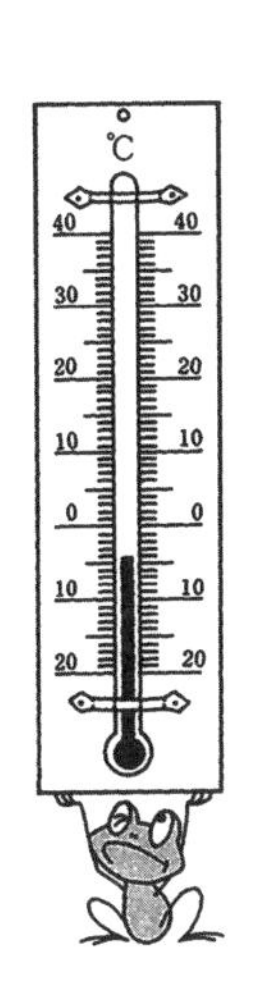

温度は、0℃を基準にしています。

0℃より5度低い温度を−5℃といいます。

逆に、0℃より7度高い温度を**+7℃（プラス7℃）**といいます。+7℃は今まで使っていた7℃と同じです。

今まで、たし算やひき算の記号として使ってきた、+（プラス）や−（マイナス）を反対の数量を表す記号として使っていきます。

1 プラス・マイナスをつけて答えましょう。

① 0℃より10度低い温度。

（　　　　）

② 0℃より20度高い温度。

（　　　　）

海面を基準にして、高さ3776mの富士山の頂上を+3776mと表すと、伊豆（いず）・小笠原海溝（おがさわらかいこう）の海面下9810mの地点は、−9810mと表すことができます。

2 海面を基準にして、プラス・マイナスをつけて答えましょう。

① 海面からの高さ2840mの山の地点

（　　　　）

② 海面下480mの海底の地点

（　　　　）

③ スカイツリーの海面から高さ600mの地点

（　　　　）

④ 海面下6000mの海底の地点

（　　　　）

13 特別ゼミ 正の数・負の数 ②

学習日　月　日　名前

1 次の問いに答えましょう。

① 今を基準にして、10分後のことを＋10分と表すことにすれば、今から15分前のことはどう表せますか。

（　　　　　）

② テストの平均点を基準にして、それよりも６点高い点を＋６点と表すとき、平均点より５点低い点はどう表せますか。

（　　　　　）

③ 東へ３km進むことを、＋３kmと表すとき、西へ５km進むことはどう表せますか。

（　　　　　）

④ 気温が５℃上がることを＋５℃と表すとき、気温が３℃下がることはどう表せますか。

（　　　　　）

このように、中学生になると負の数を学習します。

今まで、数直線は、数０を基準として、右に行くほど大きい数を表しました。

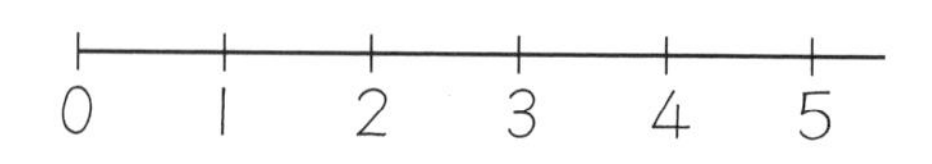

しかし、負の数が加わると、

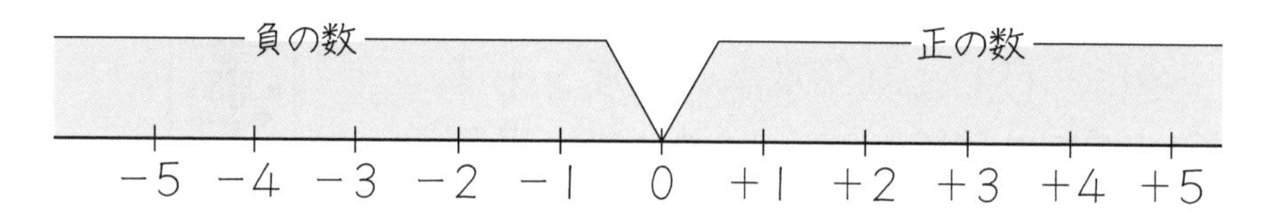

となります。

2 上の数直線を見て、次の数を答えましょう。

① ０より２小さい数。

（　　　　　）

② ０より５小さい数。

（　　　　　）

③ ０より３大きい数。

（　　　　　）

13 特別ゼミ 正の数・負の数 ③

学習日　月　日　名前

色をぬろう　わからない　だいたいできた　できた！

数直線は、0より1小さい数を－1、0より2小さい数を－2、0より3小さい数を－3、0より4小さい数を－4、0より5小さい数を－5としました。

大小の関係は、右に行くほど、大きい数を表しています。

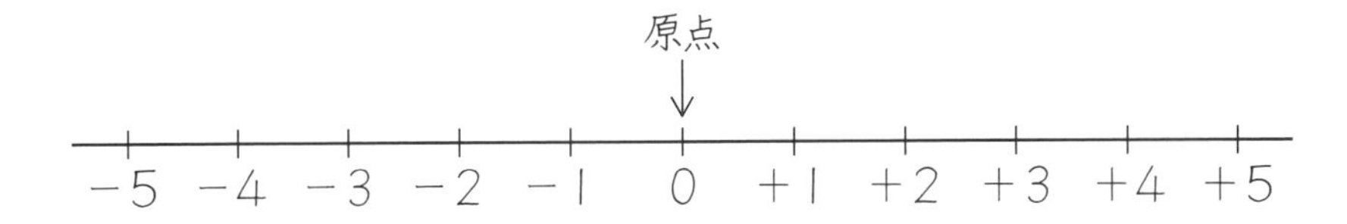

1 上の数直線を見て、不等号をかきましょう。

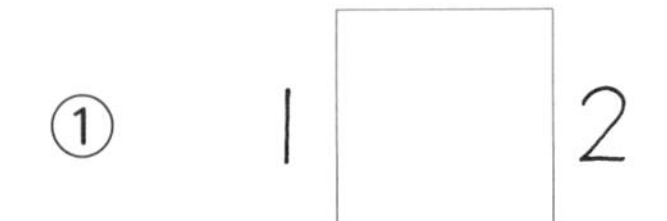

① 1 □ 2　　② 5 □ 3

③ 0 □ 4　　④ －1 □ 0

⑤ －1 □ －2　　⑥ －5 □ －3

数直線で、ある数を表す点の原点からのきょりをその数の **絶対値**（ぜったいち）といいます。

－1の絶対値は1です。＋3の絶対値は3になります。

＋や－のことをふ号といいますが、数からふ号を取りのぞいたものが絶対値を表します。

2 次の数の絶対値を答えましょう。

① －8（　　）　② －12（　　）

③ ＋4（　　）　④ ＋7（　　）

数の大小についてまとめると

1. 負の数<0、0<正の数。
2. 正の数は、その絶対値が大きいほど大きい。
3. 負の数は、その絶対値が大きいほど小さい。

13 特別ゼミ 正の数・負の数 ④

学習日　月　日　名前

1 次の数量を、正の数、負の数を使って表しましょう。

① 東に３km進むことを＋３kmと表すとき、西に７km進むことはどう表せますか。

（　　　　　）

② 今から20秒後のことを＋20秒と表すとき、30秒前のことはどう表せますか。

（　　　　　）

③ 気温が６℃上がることを＋６℃と表すとき、４℃下がることはどう表せますか。

（　　　　　）

④ 海面から高さ60ｍの岩の地点を＋60ｍと表すとき、海底50ｍの地点はどう表せますか。

（　　　　　）

2 次の数の絶対値（ぜったいち）を答えましょう。

① －３（　　　）　② ＋６（　　　）

③ －８（　　　）　④ ＋12（　　　）

3 次の数を答えましょう。

① 絶対値が10である数

（　　　，　　　）

② 絶対値が3.5である数

（　　　，　　　）

4 □にあてはまる不等号をかきましょう。

① $-4 \square -2$　② $+1 \square 0$

③ $+1.2 \square -1.0$　④ $-\frac{1}{2} \square +\frac{1}{2}$

特別ゼミ 文字式 ①

学習日　月　日　名前

中学生になると、小学生のときより文字を多く使います。文字はいろいろな数の代表選手だからです。

今から、あなたの誕生日（たんじょうび）をあてるクイズをします。

電たくを使いますので準備しましょう。

> 1．あなたの誕生月を電たくに入力してください。
> それに4をかけて、8をたしてください。
>
> 2．その数に25をかけて、誕生日をたしてください。
>
> 3．その数から200をひきます。電たくに表れた数は、あなたの誕生日ですね。

＜種あかし1＞　誕生日が4月10日の場合

1．$4 \times 4 + 8 = 24$

2．$24 \times 25 + 10 = 610$

3．$610 - 200 = 410$

（4月10日）

種あかし1では、誕生日が4月10日の人だけですね。

ぼくは11月27日だから、そうはならないと思うよ。こんな意見も出てきますよね。

そこで、なぜそうなるかを文字を使って説明します。

＜種あかし2＞　文字式を使用

誕生月がa（月）で、誕生日がb（日）とします。

1．$a \times 4 + 8$

2．$(a \times 4 + 8) \times 25 + b$
$= a \times 4 \times 25 + 8 \times 25 + b$
$= a \times 100 + 200 + b$

3．$a \times 100 + 200 + b - 200$
$= \underline{a} \times 100 + \underline{b}$

ほらほら、誕生月と誕生日が表れました。

このクイズは、$4 \times 25 = 100$ や、$8 \times 25 = 200$ をわからないように使って誕生月と誕生日の位を分けたのです。

13 特別ゼミ 文字式②

学習日　月　日　名前

色をぬろう　わからない　だいたいできた　できた！

「連続する3つの数の和は、3の倍数になる」というものがあります。

たとえば、$1+2+3=6$

$5+6+7=18$

$9+10+11=30$

と、6も、18も、30も、3の倍数になります。

でも、他のもっと大きい数ではちがう結果となることもあるのでは？

と疑問がわきますね。

たとえば、$100+101+102=303$

$113+114+115=342$

$127+128+129=384$

303はすぐに3でわれることは見ぬけます。342や384は、どうですか。

3の倍数の見分け方に、「それぞれの位の数の和が3の倍数なら、もとの数も3の倍数」というのがあります。

$3+4+2=9$、$3+8+4=15$ で3の倍数です。

いくらいろいろな数を調べても全部調べたことになりません。そこで、文字を使って説明します。

<種あかし1>

連続する3つの数をn、$n+1$、$n+2$とします。

3つの数の和は

$n+n+1+n+2$ ⬅nが3つで $n\times3$

$=n\times3+3$ ⬅$1+2=3$

$=n\times3+1\times3$

$=(n+1)\times3$ ⬅3の倍数

<種あかし2>

連続する3つの数を$n-1$、n、$n+1$とします。

3つの数の和は

$n-1+n+n+1$ ⬅nが3つ $n\times3$

⬅-1と$+1$で0

$=n\times3$ ⬅3の倍数

文字は数の代表選手で、とても便利ですね。

①
あるときヒーロン王は
「これで王冠を作れ！」
とかじ屋に純金を
わたしました。

②
できた王冠は、見た目は
純金のように見えますが
かじ屋が純金の代わりに
混ぜ物を入れたという
うわさが王様の耳に
入りました。

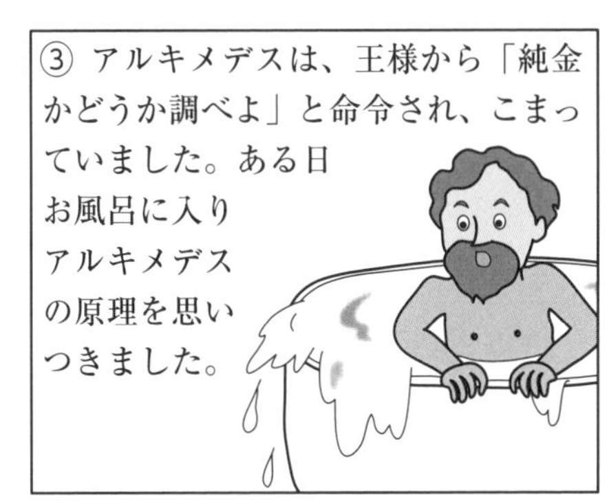

③ アルキメデスは、王様から「純金
かどうか調べよ」と命令され、こまっ
ていました。ある日
お風呂に入り
アルキメデス
の原理を思い
つきました。

アルキメデス
（紀元前287年頃〜212年）
ギリシャ、シチリア

アルキメデスは、シシリー島のシラクサで生まれました。青年アルキメデスは、学問を志して、エジプトにわたり、アレキサンドリアの学校で数学と物理学を学びました。

その後、シラクサに帰り、シラクサの王様ヒーロンにつかえました。

ヒーロン王は大きな船を作らせましたが、海にうかべることができません。アルキメデスが「てこの原理」を使って進水させたことや、「ヒーロン王の王冠」の話(注)などが有名です。

また、アルキメデスは、円と球の研究も熱心に行いました。

円に内接する六角形と外接する六角形の周の長さの関係から出発して、接する多角形を正12角形、正24角形、……と増やし、円周率がおよそ3.14となることをつきとめました。

(注) 同じ重さの純金の王冠と混ぜ物の王冠を、水をいっぱいにした水そうに入れます。
すると、こぼれる水の量は、純金の王冠の方が少なくなります。

1 対称な図形 ①

学習日　月　日　名前

　１本の直線を折り目にして２つ折りにしたとき、両側の部分がぴったり重なる図形を**線対称**な図形といいます。
　また、この直線を**対称の軸**といいます。

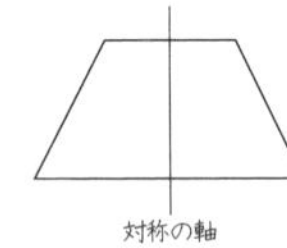

　線対称な図形では、２つ折りにして重なりあう点、辺、角をそれぞれ、**対応する点**、**対応する辺**、**対応する角**といいます。

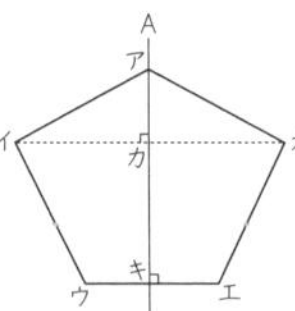

点イに対応する点は、点オです。
点ウに対応する点は、点エです。
辺アイに対応する辺は、辺アオです。
辺イウに対応する辺は、辺オエです。
辺ウキに対応する辺は、辺エキです。
角イに対応する角は、角オです。
角ウに対応する角は、角エです。

　また、対応する点を結ぶ直線は、対称の軸と**垂直**に交わります。
直線イオと直線ABは、垂直になります。
直線ウエと直線ABは、垂直になります。
対称の軸上の点と対応する点までの長さは**等しく**なります。

直線イカ＝直線オカ
直線ウキ＝直線エキ

1 線対称な図形に○をつけましょう。

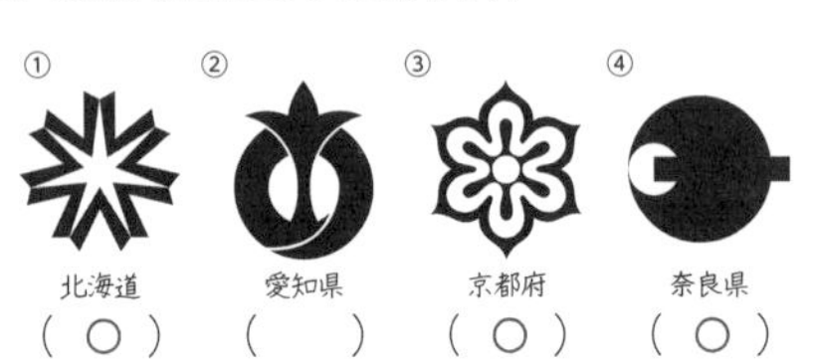

① 北海道	② 愛知県	③ 京都府	④ 奈良県
（ ○ ）	（　）	（ ○ ）	（ ○ ）

⑤ のぼりふじ	⑥ 丸にはなびし	⑦ 右三つともえ	⑧ きりぐるま
（ ○ ）	（ ○ ）	（　）	（ ○ ）

1 対称な図形 ②

学習日　月　日　名前

1 図形アイウエは、ABを対称の軸とする線対称な図形です。

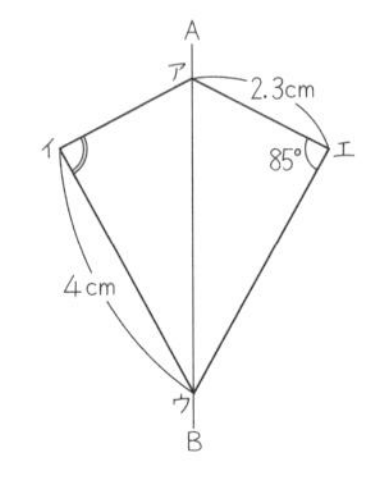

① 辺アイの長さは何cmですか。

答え　2.3cm

② 辺ウエの長さは何cmですか。

答え　4cm

③ 角イの大きさは何度ですか。

答え　85°

2 図形アイウエオカは、ABを対称の軸とする線対称な図形です。

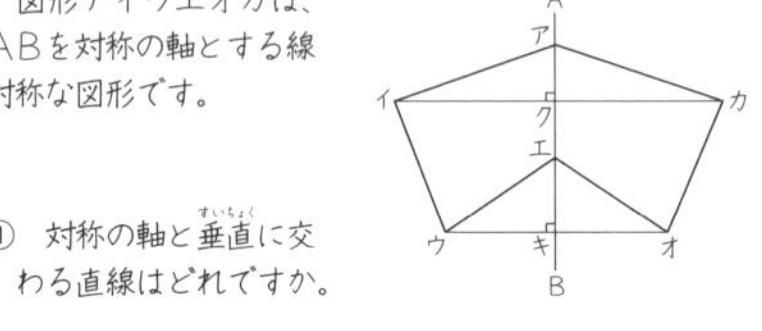

① 対称の軸と垂直に交わる直線はどれですか。

答え　直線イカ

答え　直線ウオ

② 垂直に交わる直線で、直線クイと長さが等しい直線はどれですか。

直線クイ と 直線クカ

③ 垂直に交わる直線で、直線キウと長さが等しい直線はどれですか。

直線キウ と 直線キオ

1 対称な図形 ③

学習日　月　日　名前

1 ABが対称の軸となる線対称な図形をかきましょう。

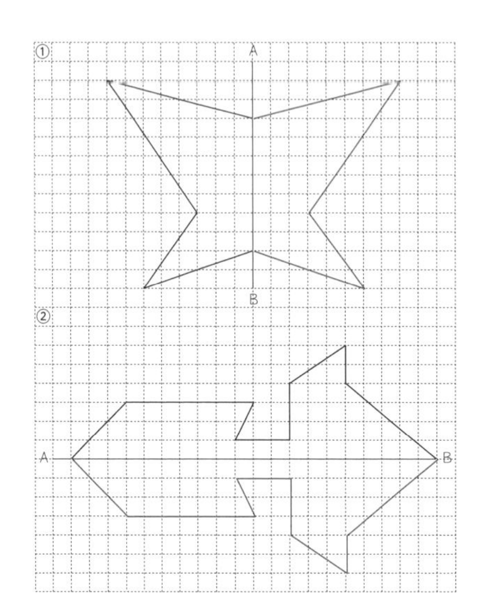

2 ABが対称の軸となる線対称な図形をかきましょう。

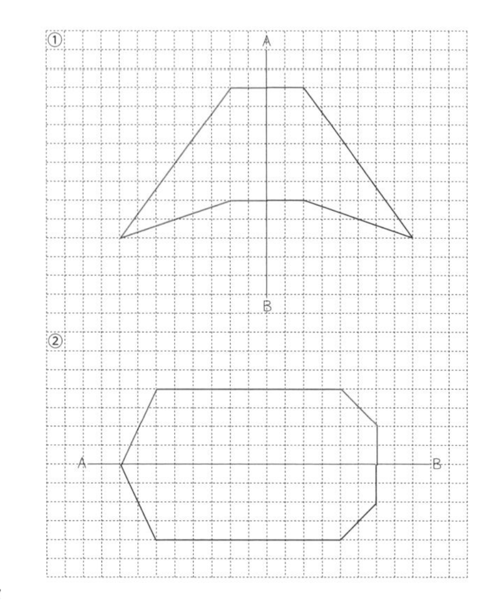

1 対称な図形 ④

学習日　月　日　名前

　１つの点のまわりに180°回転させたとき、もとの図形にぴったり重なる図形を**点対称**な図形といいます。この点を**対称の中心**といいます。

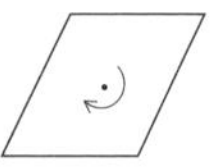

　図は点Oを中心とする点対称な図形です。
　対称の中心のまわりに180°回転したときに重なりあう点、辺、角をそれぞれ、**対応する点**、**対応する辺**、**対応する角**といいます。

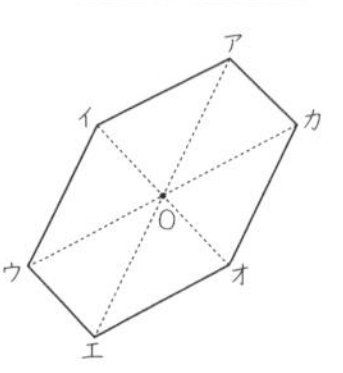

点アに対応する点は、点エです。
点イに対応する点は、点オです。
点ウに対応する点は、点カです。
辺アイに対応する辺は、辺エオです。
辺イウに対応する辺は、辺オカです。
辺ウエに対応する辺は、辺カアです。
角アに対応する角は、角エです。
角イに対応する角は、角オです。
角ウに対応する角は、角カです。

　対応する点アとエを結ぶ直線は**対称の中心O**を通ります。
　また、対称の中心Oから点アまでの長さと、Oから点エまでの長さは等しくなります。

直線アO＝直線エO

1 点対称な図形に○をつけましょう。

① 大分県	② 岩手県	③ 宮崎県	④ 埼玉県
（　）	（ ○ ）	（　）	（ ○ ）

⑤ 京都府	⑥ 島根県	⑦ 長野県	⑧ 大阪府
（ ○ ）	（ ○ ）	（　）	（　）

1 対称な図形 ⑤

学習日　月　日　名前

1 図は点対称な図形です。

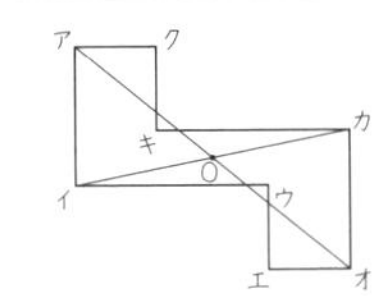

① 点アに対応する点はどれですか。

答え　点オ

② 点イに対応する点はどれですか。

答え　点カ

③ 辺オカの長さが2cmとします。辺アイの長さは何cmですか。

答え　2cm

④ 角アの大きさは90°です。角オの大きさは何度ですか。

答え　90°

2 図は点対称な図形です。

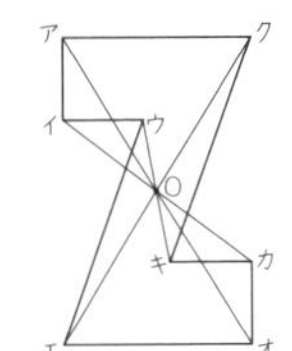

① 辺アイに対応する辺はどれですか。

答え　辺オカ

② 辺イウに対応する辺はどれですか。

答え　辺カキ

③ 直線クOと長さの等しい直線はどれですか。

答え　直線エO

④ 直線イOと長さの等しい直線はどれですか。

答え　直線カO

1 対称な図形 ⑥

名前

1 点Oを対称の中心とする点対称な図形をかきましょう。

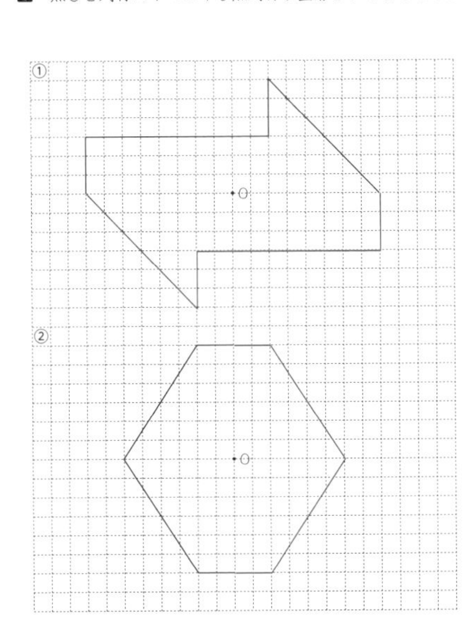

2 点Oを対称の中心とする点対称な図形をかきましょう。

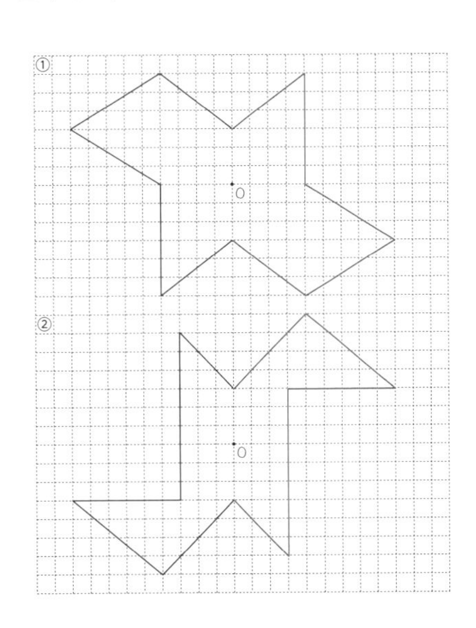

1 対称な図形 ⑦

学習日　月　日　名前

色をぬろう　わからない　だいたいできた　できた!

1 次の図形の対称性について調べましょう。

平行四辺形　長方形

ひし形　正方形

	線対称	対称の軸の数	点対称
平行四辺形	×	0	○
長方形	○	2	○
ひし形	○	2	○
正方形	○	4	○

2 次の図形の対称性について調べましょう。

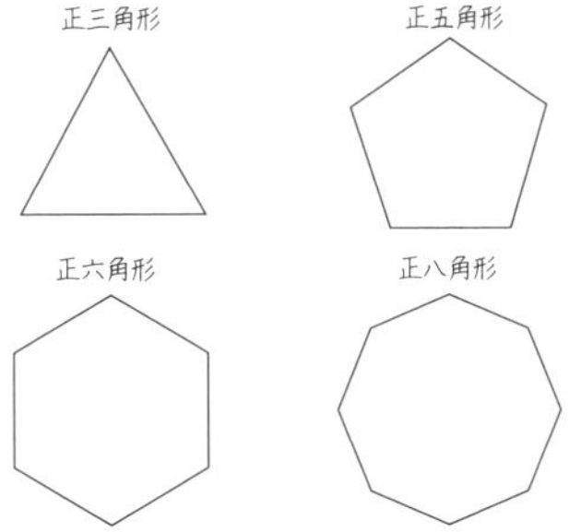

正三角形　正五角形

正六角形　正八角形

	線対称	対称の軸の数	点対称
正三角形	○	3	×
正五角形	○	5	×
正六角形	○	6	○
正八角形	○	8	○

1 対称な図形 ⑧ まとめ

学習日　月　日　名前

点　合格 80〜100点

1

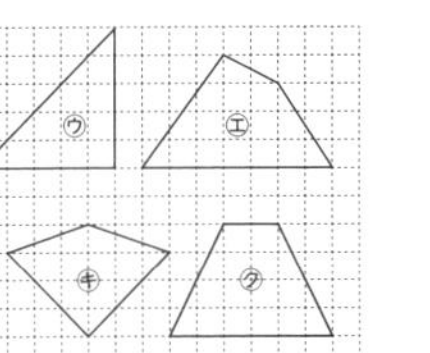

上の三角形・四角形について、次のことを調べ、記号で答えましょう。

① 線対称な図形はどれですか。(10点)

答え　アウカキク

② 点対称な図形はどれですか。(10点)

答え　オカ

③ 対称でない図形はどれですか。(10点)

答え　イエ

④ 線対称で、対称の軸が1本なのはどれですか。(10点)

答え　アウキク

⑤ 線対称で、対称の軸が2本なのはどれですか。(10点)

答え　カ

2

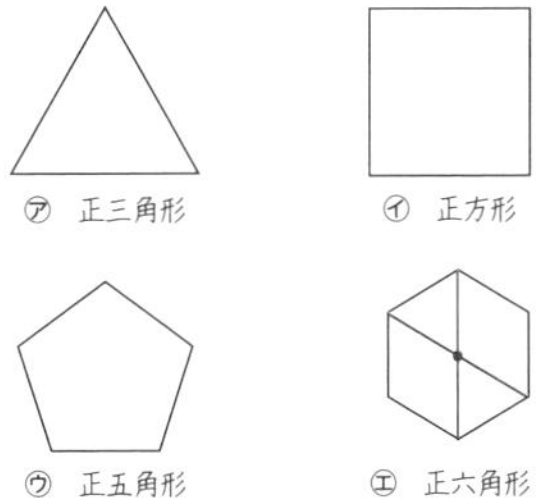

ア 正三角形　イ 正方形

ウ 正五角形　エ 正六角形

上の正多角形について、次のことを調べましょう。

① 線対称な図形はどれですか。記号で答えましょう。(1つ5点)

答え　アイウエ

② 線対称な図形であり、点対称でもあるのはどれですか。記号で答えましょう。(1つ5点)

答え　イエ

③ ウ，エの対称の軸は、それぞれ何本ありますか。(1つ5点)

答え　ウ 5本　エ 6本

④ エの対称の中心をかき入れましょう。(10点)

2 文字を使った式 ①

学習日　月　日　名前

1 1個350円のケーキがあります。

① このケーキを2個買ったとき、代金を求める式をかきましょう。

式　350×2

② このケーキを3個買ったとき、代金を求める式をかきましょう。

式　350×3

③ このケーキを□個買ったとき、代金を求める式をかきましょう。

式　350×□

④ このケーキをx個買ったとき、代金を求める式をかきましょう。

式　350×x

2 はば3cmのテープがあります。

① 横の長さ5cmで切ったとき、テープの面積を表す式をかきましょう。

式　3×5

② 横の長さ10cmで切ったとき、テープの面積を表す式をかきましょう。

式　3×10

③ 横の長さ□cmで切ったとき、テープの面積を表す式をかきましょう。

式　3×□

④ 横の長さ$x$cmで切ったとき、テープの面積を表す式をかきましょう。

式　3×x

2 文字を使った式 ②

学習日　月　日　名前

色をぬろう　わからない　だいたいできた　できた!

1 1個の重さがxgのかんづめ6個を、重さ300gの箱につめます。

① 全体の重さを表す式をかきましょう。

式　x×6＋300

② xの値が100gのとき、全体の重さを求めましょう。

式　100×6＋300＝900

答え　900g

③ xの値が200gのとき、全体の重さを求めましょう。

式　200×6＋300＝1500

答え　1500g

④ xの値が300gのとき、全体の重さを求めましょう。

式　300×6＋300＝2100

答え　2100g

2 縦が2m、横がxmの長方形の菜園があります。

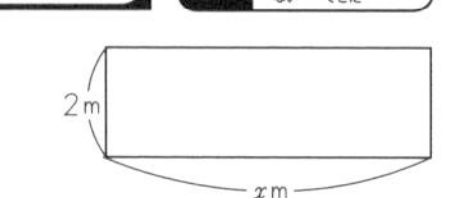

① 菜園のまわりの長さを求める式をかきましょう。

式　(2＋x)×2

② xの値が6mのとき、まわりの長さを求めましょう。

式　(2＋6)×2＝16

答え　16m

③ xの値が8mのとき、まわりの長さを求めましょう。

式　(2＋8)×2＝20

答え　20m

④ xの値が10mのとき、まわりの長さを求めましょう。

式　(2＋10)×2＝24

答え　24m

2 文字を使った式 ③

学習日　月　日　名前

1 底辺の長さ$x$cm、高さが6cmの平行四辺形の面積を$y$cm²とします。

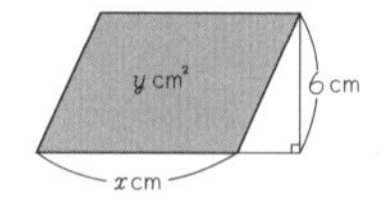

① yをxの式で表しましょう。

式　y＝x×6

② xの値が8cmのとき、yの値を求めましょう。

式　y＝8×6＝48

答え　48cm²

③ xの値が10cmのとき、yの値を求めましょう。

式　y＝10×6＝60

答え　60cm²

④ xの値が12cmのとき、yの値を求めましょう。

式　y＝12×6＝72

答え　72cm²

2 1個350円のケーキがあります。ケーキ8個まで入る箱は30円です。ケーキをx個買って、箱に入れてもらい、その代金をy円とします。

① yをxの式で表しましょう。

式　y＝350×x＋30

② xの値が4個のとき、yの値を求めましょう。

式　y＝350×4＋30＝1430

答え　1430円

③ xの値が6個のとき、yの値を求めましょう。

式　y＝350×6＋30＝2130

答え　2130円

④ xの値が8個のとき、yの値を求めましょう。

式　y＝350×8＋30＝2830

答え　2830円

2 文字を使った式 ④

学習日　月　日　名前

1 次の式で表される場面について考えます。

㋐ y＝20＋x　㋑ y＝20－x
㋒ y＝20×x　㋓ y＝20÷x

次の場面はどの式があてはまりますか。記号で答えましょう。

① 1個20円のあめをx個買ったときの代金がy円。

答え　㋒

② 20mのリボンがあります。xmを使ったとき、残りがym。

答え　㋑

③ バスに20人が乗っていました。停留所でx人が乗ったとき、バスの乗客はy人。

答え　㋐

④ 縦が$x$cm、横が$y$cmの長方形の面積が20cm²です。

答え　㋓

2 次の式で表される場面について考えます。

㋐ y＝30×x　㋑ y＝30÷x
㋒ y＝30＋x　㋓ y＝30－x

次の場面はどの式があてはまりますか。記号で答えましょう。

① 1日30ページずつx日間読書をしたときの読書の総ページ数がyページ。

答え　㋐

② 底辺が$x$cm、高さが$y$cmの平行四辺形の面積が30cm²です。

答え　㋑

③ 子どもが30人いて、大人がx人います。全部でy人です。

答え　㋒

④ 30枚の折り紙のうち、x枚使いました。残りの折り紙はy枚です。

答え　㋓

2 文字を使った式 ⑤

学習日　月　日　名前

色をぬろう　わからない　だいたいできた　できた！

1 底辺の長さ6cm、まわりの長さ22cmの二等辺三角形があります。等しい長さの辺を$x$cmとします。

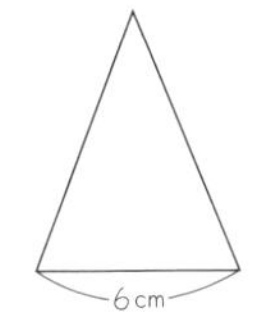

① 二等辺三角形のまわりの長さをxの式で表しましょう。

式　$x\times2+6=22$

② 図を見てxの値を求めましょう。

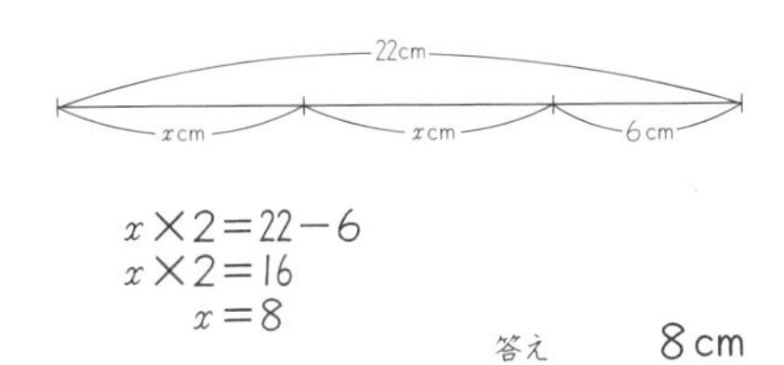

$x\times2=22-6$
$x\times2=16$
$x=8$

答え　8cm

2 まわりの長さが28cmの正方形があります。正方形の一辺の長さを$x$cmとします。

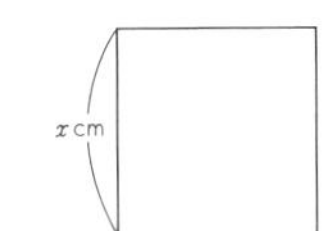

① 正方形のまわりの長さをxの式で表しましょう。

式　$x\times4=28$

② 図を見てxの値を求めましょう。

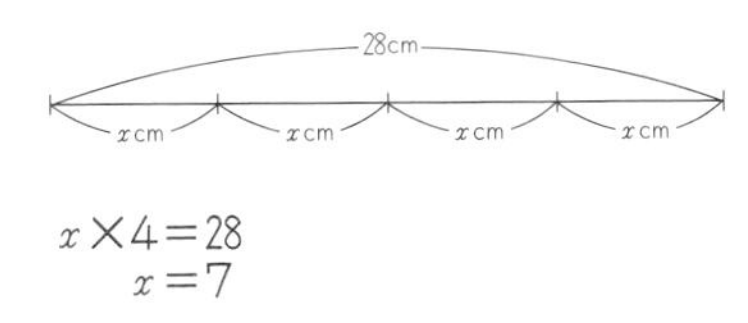

$x\times4=28$
$x=7$

答え　7cm

3 分数のかけ算 ①

学習日　月　日　名前

色をぬろう　わからない　だいたいできた　できた！

1 1dLのペンキで$\frac{2}{5}$m²のかべがぬれます。$\frac{2}{3}$dLでは、何m²のかべがぬれますか。

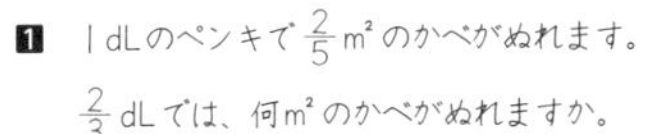

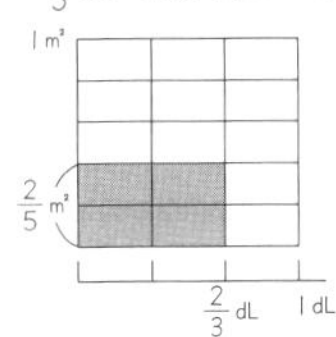

縦に5等分し、横に3等分すると□が　5×3=15個できます。$\frac{2}{5}\times\frac{2}{3}$を表すのは■で4個。$\frac{4}{15}$です。

式　$\frac{2}{5}\times\frac{2}{3}=\frac{2\times2}{5\times3}$
$=\frac{4}{15}$

答え　$\frac{4}{15}$m²

2 1時間で$\frac{3}{5}$aの花だんの手入れをします。$\frac{3}{4}$時間では何aの手入れができますか。

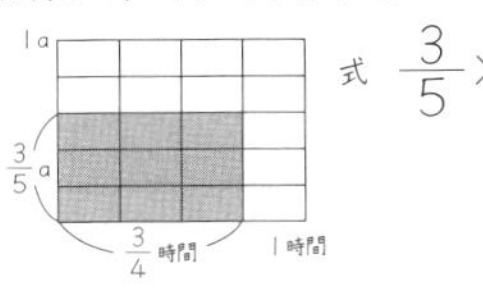

式　$\frac{3}{5}\times\frac{3}{4}=\frac{3\times3}{5\times4}$
$=\frac{9}{20}$

答え　$\frac{9}{20}$a

3 次の計算をしましょう。

① $\frac{5}{7}\times\frac{3}{4}=\frac{5\times3}{7\times4}=\frac{15}{28}$

② $\frac{5}{6}\times\frac{5}{7}=\frac{5\times5}{6\times7}=\frac{25}{42}$

③ $\frac{7}{9}\times\frac{5}{8}=\frac{7\times5}{9\times8}=\frac{35}{72}$

④ $\frac{9}{10}\times\frac{3}{7}=\frac{9\times3}{10\times7}=\frac{27}{70}$

⑤ $\frac{4}{5}\times\frac{2}{9}=\frac{4\times2}{5\times9}=\frac{8}{45}$

⑥ $\frac{5}{7}\times\frac{3}{8}=\frac{5\times3}{7\times8}=\frac{15}{56}$

3 分数のかけ算 ②

学習日　月　日　名前

色をぬろう　わからない　だいたいできた　できた！

$\frac{2}{7}\times2=\frac{2\times2}{7\times1}$　⬅ $2=\frac{2}{1}$と考える
$=\frac{4}{7}$

$3\times\frac{1}{5}=\frac{3\times1}{1\times5}$　⬅ $3=\frac{3}{1}$と考える
$=\frac{3}{5}$

1 次の計算をしましょう。答えが仮分数のとき、そのままでかまいません。

① $\frac{2}{3}\times2=\frac{2\times2}{3\times1}=\frac{4}{3}$

② $\frac{3}{5}\times4=\frac{3\times4}{5\times1}=\frac{12}{5}$

③ $\frac{3}{7}\times2=\frac{3\times2}{7\times1}=\frac{6}{7}$

④ $\frac{3}{8}\times3=\frac{3\times3}{8\times1}=\frac{9}{8}$

2 次の計算をしましょう。答えが仮分数のとき、そのままでかまいません。

① $2\times\frac{2}{5}=\frac{2\times2}{1\times5}=\frac{4}{5}$

② $3\times\frac{1}{7}=\frac{3\times1}{1\times7}=\frac{3}{7}$

③ $4\times\frac{2}{5}=\frac{4\times2}{1\times5}=\frac{8}{5}$

④ $3\times\frac{1}{8}=\frac{3\times1}{1\times8}=\frac{3}{8}$

3 分数のかけ算 ③

学習日　月　日　名前

色をぬろう　わからない　だいたいできた　できた！

$\frac{7}{8}\times\frac{4}{5}=\frac{7\times\cancel{4}^{1}}{{}_{2}\cancel{8}\times5}$　⬅約分ができる
$=\frac{7}{10}$

$\frac{3}{10}\times\frac{1}{9}=\frac{{}^{1}\cancel{3}\times1}{10\times\cancel{9}_{3}}$　⬅約分ができる
$=\frac{1}{30}$

1 次の計算をしましょう。とちゅう約分できるものは、約分します。

① $\frac{5}{9}\times\frac{3}{4}=\frac{5\times\cancel{3}^{1}}{{}_{3}\cancel{9}\times4}=\frac{5}{12}$

② $\frac{5}{6}\times\frac{2}{3}=\frac{5\times\cancel{2}^{1}}{{}_{3}\cancel{6}\times3}=\frac{5}{9}$

③ $\frac{3}{8}\times\frac{6}{7}=\frac{3\times\cancel{6}^{3}}{{}_{4}\cancel{8}\times7}=\frac{9}{28}$

④ $\frac{3}{4}\times\frac{4}{7}=\frac{3\times\cancel{4}^{1}}{{}_{1}\cancel{4}\times7}=\frac{3}{7}$

2 次の計算をしましょう。とちゅう約分できるものは、約分します。

① $\frac{3}{5}\times\frac{2}{3}=\frac{{}^{1}\cancel{3}\times2}{5\times\cancel{3}_{1}}=\frac{2}{5}$

② $\frac{3}{4}\times\frac{1}{6}=\frac{{}^{1}\cancel{3}\times1}{4\times\cancel{6}_{2}}=\frac{1}{8}$

③ $\frac{8}{9}\times\frac{5}{6}=\frac{{}^{4}\cancel{8}\times5}{9\times\cancel{6}_{3}}=\frac{20}{27}$

④ $\frac{6}{7}\times\frac{5}{6}=\frac{{}^{1}\cancel{6}\times5}{7\times\cancel{6}_{1}}=\frac{5}{7}$

3 分数のかけ算 ④

学習日 月 日 名前

色をぬろう わからない だいたいできた できた!

1 次の計算をしましょう。

① $\frac{3}{4}\times\frac{5}{9}=\frac{{}^{1}\cancel{3}\times5}{4\times\cancel{9}_{3}}=\frac{5}{12}$

② $\frac{7}{9}\times\frac{3}{10}=\frac{7\times\cancel{3}^{1}}{{}_{3}\cancel{9}\times10}=\frac{7}{30}$

③ $\frac{3}{4}\times\frac{5}{6}=\frac{{}^{1}\cancel{3}\times5}{4\times\cancel{6}_{2}}=\frac{5}{8}$

④ $\frac{4}{9}\times\frac{6}{7}=\frac{4\times\cancel{6}^{2}}{{}_{3}\cancel{9}\times7}=\frac{8}{21}$

⑤ $\frac{3}{4}\times\frac{2}{5}=\frac{3\times\cancel{2}^{1}}{{}_{2}\cancel{4}\times5}=\frac{3}{10}$

⑥ $\frac{5}{8}\times\frac{6}{7}=\frac{5\times\cancel{6}^{3}}{{}_{4}\cancel{8}\times7}=\frac{15}{28}$

2 次の計算をしましょう。

① $\frac{4}{7}\times\frac{5}{6}=\frac{{}^{2}\cancel{4}\times5}{7\times\cancel{6}_{3}}=\frac{10}{21}$

② $\frac{9}{14}\times\frac{7}{8}=\frac{9\times\cancel{7}^{1}}{{}_{2}\cancel{14}\times8}=\frac{9}{16}$

③ $\frac{3}{8}\times\frac{5}{6}=\frac{{}^{1}\cancel{3}\times5}{8\times\cancel{6}_{2}}=\frac{5}{16}$

④ $\frac{6}{7}\times\frac{5}{12}=\frac{{}^{1}\cancel{6}\times5}{7\times\cancel{12}_{2}}=\frac{5}{14}$

⑤ $\frac{1}{9}\times\frac{3}{5}=\frac{1\times\cancel{3}^{1}}{{}_{3}\cancel{9}\times5}=\frac{1}{15}$

⑥ $\frac{2}{7}\times\frac{7}{9}=\frac{2\times\cancel{7}^{1}}{{}_{1}\cancel{7}\times9}=\frac{2}{9}$

3 分数のかけ算 ⑤

学習日 月 日 名前

色をぬろう わからない だいたいできた できた!

$\frac{3}{8}\times\frac{2}{3}=\frac{{}^{1}\cancel{3}\times\cancel{2}^{1}}{{}_{4}\cancel{8}\times\cancel{3}_{1}}=\frac{1}{4}$ ←2回約分

1 次の計算をしましょう。とちゅう約分できるものは、約分します。

① $\frac{4}{9}\times\frac{3}{8}=\frac{{}^{1}\cancel{4}\times\cancel{3}^{1}}{{}_{3}\cancel{9}\times\cancel{8}_{2}}=\frac{1}{6}$

② $\frac{8}{15}\times\frac{5}{6}=\frac{{}^{4}\cancel{8}\times\cancel{5}^{1}}{{}_{3}\cancel{15}\times\cancel{6}_{3}}=\frac{4}{9}$

③ $\frac{7}{15}\times\frac{5}{14}=\frac{{}^{1}\cancel{7}\times\cancel{5}^{1}}{{}_{3}\cancel{15}\times\cancel{14}_{2}}=\frac{1}{6}$

④ $\frac{15}{28}\times\frac{4}{25}=\frac{{}^{3}\cancel{15}\times\cancel{4}^{1}}{{}_{7}\cancel{28}\times\cancel{25}_{5}}=\frac{3}{35}$

2 次の計算をしましょう。とちゅう約分できるものは、約分します。

① $\frac{7}{8}\times\frac{6}{35}=\frac{{}^{1}\cancel{7}\times\cancel{6}^{3}}{{}_{4}\cancel{8}\times\cancel{35}_{5}}=\frac{3}{20}$

② $\frac{14}{15}\times\frac{5}{8}=\frac{{}^{7}\cancel{14}\times\cancel{5}^{1}}{{}_{3}\cancel{15}\times\cancel{8}_{4}}=\frac{7}{12}$

③ $\frac{16}{27}\times\frac{9}{20}=\frac{{}^{4}\cancel{16}\times\cancel{9}^{1}}{{}_{3}\cancel{27}\times\cancel{20}_{5}}=\frac{4}{15}$

④ $\frac{4}{15}\times\frac{5}{16}=\frac{{}^{1}\cancel{4}\times\cancel{5}^{1}}{{}_{3}\cancel{15}\times\cancel{16}_{4}}=\frac{1}{12}$

⑤ $\frac{9}{14}\times\frac{7}{12}=\frac{{}^{3}\cancel{9}\times\cancel{7}^{1}}{{}_{2}\cancel{14}\times\cancel{12}_{4}}=\frac{3}{8}$

⑥ $\frac{4}{9}\times\frac{3}{16}=\frac{{}^{1}\cancel{4}\times\cancel{3}^{1}}{{}_{3}\cancel{9}\times\cancel{16}_{4}}=\frac{1}{12}$

3 分数のかけ算 ⑥

学習日 月 日 名前

色をぬろう わからない だいたいできた できた!

1 次の計算をしましょう。

① $\frac{4}{5}\times\frac{5}{12}=\frac{{}^{1}\cancel{4}\times\cancel{5}^{1}}{{}_{1}\cancel{5}\times\cancel{12}_{3}}=\frac{1}{3}$

② $\frac{5}{9}\times\frac{3}{10}=\frac{{}^{1}\cancel{5}\times\cancel{3}^{1}}{{}_{3}\cancel{9}\times\cancel{10}_{2}}=\frac{1}{6}$

③ $\frac{3}{8}\times\frac{4}{9}=\frac{{}^{1}\cancel{3}\times\cancel{4}^{1}}{{}_{2}\cancel{8}\times\cancel{9}_{3}}=\frac{1}{6}$

④ $\frac{4}{5}\times\frac{5}{6}=\frac{{}^{2}\cancel{4}\times\cancel{5}^{1}}{{}_{1}\cancel{5}\times\cancel{6}_{3}}=\frac{2}{3}$

⑤ $\frac{11}{15}\times\frac{5}{11}=\frac{{}^{1}\cancel{11}\times\cancel{5}^{1}}{{}_{3}\cancel{15}\times\cancel{11}_{1}}=\frac{1}{3}$

⑥ $\frac{4}{21}\times\frac{7}{8}=\frac{{}^{1}\cancel{4}\times\cancel{7}^{1}}{{}_{3}\cancel{21}\times\cancel{8}_{2}}=\frac{1}{6}$

2 次の計算をしましょう。

① $\frac{3}{10}\times\frac{5}{6}=\frac{{}^{1}\cancel{3}\times\cancel{5}^{1}}{{}_{2}\cancel{10}\times\cancel{6}_{2}}=\frac{1}{4}$

② $\frac{9}{14}\times\frac{7}{18}=\frac{{}^{1}\cancel{9}\times\cancel{7}^{1}}{{}_{2}\cancel{14}\times\cancel{18}_{2}}=\frac{1}{4}$

③ $\frac{3}{4}\times\frac{8}{9}=\frac{{}^{1}\cancel{3}\times\cancel{8}^{2}}{{}_{1}\cancel{4}\times\cancel{9}_{3}}=\frac{2}{3}$

④ $\frac{3}{5}\times\frac{10}{27}=\frac{{}^{1}\cancel{3}\times\cancel{10}^{2}}{{}_{1}\cancel{5}\times\cancel{27}_{9}}=\frac{2}{9}$

⑤ $\frac{5}{8}\times\frac{18}{25}=\frac{{}^{1}\cancel{5}\times\cancel{18}^{9}}{{}_{4}\cancel{8}\times\cancel{25}_{5}}=\frac{9}{20}$

⑥ $\frac{5}{6}\times\frac{12}{15}=\frac{{}^{1}\cancel{5}\times\cancel{12}^{2}}{{}_{1}\cancel{6}\times\cancel{15}_{3}}=\frac{2}{3}$

3 分数のかけ算 ⑦

学習日 月 日  名前

色をぬろう わからない だいたいできた できた!

$1\frac{1}{9}\times\frac{3}{4}=\frac{10}{9}\times\frac{3}{4}$ ←仮分数に直す

$=\frac{{}^{5}\cancel{10}\times\cancel{3}^{1}}{{}_{3}\cancel{9}\times\cancel{4}_{2}}$ ←約分

$=\frac{5}{6}$

$4\frac{1}{6}\times1\frac{1}{15}=\frac{25}{6}\times\frac{16}{15}$ ←仮分数に直す

$=\frac{{}^{5}\cancel{25}\times\cancel{16}^{8}}{{}_{3}\cancel{6}\times\cancel{15}_{3}}$ ←約分

$=\frac{40}{9}=4\frac{4}{9}$ ←帯分数

1 次の計算をしましょう。答えが仮分数のときは、帯分数に直しましょう。

① $2\frac{1}{4}\times\frac{10}{21}=\frac{9}{4}\times\frac{10}{21}=\frac{{}^{3}\cancel{9}\times\cancel{10}^{5}}{{}_{2}\cancel{4}\times\cancel{21}_{7}}=\frac{15}{14}=1\frac{1}{14}$

② $\frac{10}{27}\times3\frac{3}{5}=\frac{10}{27}\times\frac{18}{5}=\frac{{}^{2}\cancel{10}\times\cancel{18}^{2}}{{}_{3}\cancel{27}\times\cancel{5}_{1}}=\frac{4}{3}=1\frac{1}{3}$

2 次の計算をしましょう。答えが仮分数のときは、帯分数に直しましょう。

① $3\frac{3}{7}\times1\frac{5}{9}=\frac{24}{7}\times\frac{14}{9}=\frac{{}^{8}\cancel{24}\times\cancel{14}^{2}}{{}_{1}\cancel{7}\times\cancel{9}_{3}}=\frac{16}{3}=5\frac{1}{3}$

② $3\frac{3}{8}\times1\frac{7}{9}=\frac{27}{8}\times\frac{16}{9}=\frac{{}^{3}\cancel{27}\times\cancel{16}^{2}}{{}_{1}\cancel{8}\times\cancel{9}_{1}}=6$

3 分数のかけ算 ⑧

学習日 月 日 名前

色をぬろう わからない だいたいできた できた!

1 次の計算をしましょう。答えが仮分数のとき、帯分数に直しましょう。

① $4\frac{1}{2}\times\frac{4}{9}=\frac{9}{2}\times\frac{4}{9}=\frac{\overset{1}{\cancel{9}}\times\overset{2}{\cancel{4}}}{\underset{1}{\cancel{2}}\times\underset{1}{\cancel{9}}}=2$

② $\frac{16}{25}\times3\frac{1}{8}=\frac{16}{25}\times\frac{25}{8}=\frac{\overset{2}{\cancel{16}}\times\overset{1}{\cancel{25}}}{\underset{1}{\cancel{25}}\times\underset{1}{\cancel{8}}}=2$

③ $2\frac{1}{10}\times\frac{2}{3}=\frac{21}{10}\times\frac{2}{3}=\frac{\overset{7}{\cancel{21}}\times\overset{1}{\cancel{2}}}{\underset{5}{\cancel{10}}\times\underset{1}{\cancel{3}}}=\frac{7}{5}=1\frac{2}{5}$

④ $\frac{2}{3}\times1\frac{1}{8}=\frac{2}{3}\times\frac{9}{8}=\frac{\overset{1}{\cancel{2}}\times\overset{3}{\cancel{9}}}{\underset{1}{\cancel{3}}\times\underset{4}{\cancel{8}}}=\frac{3}{4}$

2 次の計算をしましょう。答えが仮分数のとき、帯分数に直しましょう。

① $1\frac{1}{15}\times3\frac{1}{8}=\frac{16}{15}\times\frac{25}{8}=\frac{\overset{2}{\cancel{16}}\times\overset{5}{\cancel{25}}}{\underset{3}{\cancel{15}}\times\underset{1}{\cancel{8}}}=\frac{10}{3}=3\frac{1}{3}$

② $2\frac{2}{5}\times1\frac{7}{8}=\frac{12}{5}\times\frac{15}{8}=\frac{\overset{3}{\cancel{12}}\times\overset{3}{\cancel{15}}}{\underset{1}{\cancel{5}}\times\underset{2}{\cancel{8}}}=\frac{9}{2}=4\frac{1}{2}$

③ $1\frac{7}{8}\times2\frac{2}{9}=\frac{15}{8}\times\frac{20}{9}=\frac{\overset{5}{\cancel{15}}\times\overset{5}{\cancel{20}}}{\underset{2}{\cancel{8}}\times\underset{3}{\cancel{9}}}=\frac{25}{6}=4\frac{1}{6}$

④ $5\frac{5}{6}\times2\frac{4}{7}=\frac{35}{6}\times\frac{18}{7}=\frac{\overset{5}{\cancel{35}}\times\overset{3}{\cancel{18}}}{\underset{1}{\cancel{6}}\times\underset{1}{\cancel{7}}}=15$

3 分数のかけ算 ⑨

学習日 月 日 名前

色をぬろう わからない だいたいできた できた!

1 米1kgには$\frac{3}{4}$kgのでんぷんがふくまれています。米$\frac{2}{3}$kgには何kgのでんぷんがふくまれていますか。

式 $\frac{3}{4}\times\frac{2}{3}=\frac{\overset{1}{\cancel{3}}\times\overset{1}{\cancel{2}}}{\underset{2}{\cancel{4}}\times\underset{1}{\cancel{3}}}=\frac{1}{2}$

答え $\frac{1}{2}$kg

2 1dLのペンキで$\frac{5}{4}$m²のへいがぬれます。ペンキ$\frac{6}{5}$dLでは、何m²ぬれますか。

式 $\frac{5}{4}\times\frac{6}{5}=\frac{\overset{1}{\cancel{5}}\times\overset{3}{\cancel{6}}}{\underset{2}{\cancel{4}}\times\underset{1}{\cancel{5}}}=\frac{3}{2}=1\frac{1}{2}$

答え $1\frac{1}{2}$m²

3 縦（たて）$\frac{7}{8}$m、横$\frac{5}{7}$mの長方形があります。この長方形の面積を求めましょう。

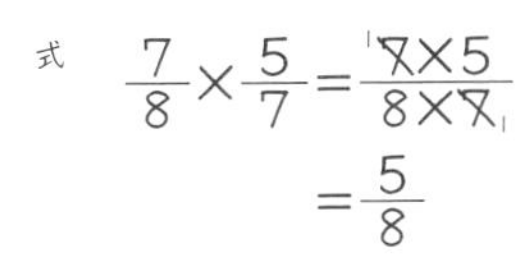

式 $\frac{7}{8}\times\frac{5}{7}=\frac{\overset{1}{\cancel{7}}\times5}{8\times\underset{1}{\cancel{7}}}=\frac{5}{8}$

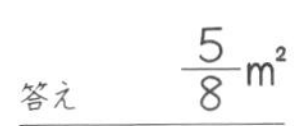

答え $\frac{5}{8}$m²

4 次の時間を求めましょう。

① $\frac{5}{6}$時間は何分ですか。

$60\times\frac{5}{6}=\frac{\overset{10}{\cancel{60}}\times5}{1\times\underset{1}{\cancel{6}}}=50$

答え 50分

② $\frac{3}{4}$時間は何分ですか。

$60\times\frac{3}{4}=\frac{\overset{15}{\cancel{60}}\times3}{1\times\underset{1}{\cancel{4}}}=45$

答え 45分

3 分数のかけ算 ⑩ まとめ

学習日 月 日 名前

点 合格80〜100点

1 次の計算をしましょう。（1つ10点）

① $\frac{2}{3}\times\frac{5}{7}=\frac{2\times5}{3\times7}=\frac{10}{21}$

② $\frac{3}{4}\times\frac{1}{6}=\frac{\overset{1}{\cancel{3}}\times1}{4\times\underset{2}{\cancel{6}}}=\frac{1}{8}$

③ $\frac{3}{5}\times\frac{1}{9}=\frac{\overset{1}{\cancel{3}}\times1}{5\times\underset{3}{\cancel{9}}}=\frac{1}{15}$

④ $\frac{5}{9}\times\frac{3}{10}=\frac{\overset{1}{\cancel{5}}\times\overset{1}{\cancel{3}}}{\underset{3}{\cancel{9}}\times\underset{2}{\cancel{10}}}=\frac{1}{6}$

⑤ $\frac{3}{8}\times\frac{4}{9}=\frac{\overset{1}{\cancel{3}}\times\overset{1}{\cancel{4}}}{\underset{2}{\cancel{8}}\times\underset{3}{\cancel{9}}}=\frac{1}{6}$

⑥ $2\frac{1}{2}\times\frac{1}{10}=\frac{\overset{1}{\cancel{5}}\times1}{2\times\underset{2}{\cancel{10}}}=\frac{1}{4}$

2 次の時間を求めましょう。（1つ10点）

① $\frac{4}{5}$時間は何分ですか。

$60\times\frac{4}{5}=\frac{\overset{12}{\cancel{60}}\times4}{1\times\underset{1}{\cancel{5}}}=48$

答え 48分

② $\frac{1}{30}$時間は何分ですか。

$60\times\frac{1}{30}=\frac{\overset{2}{\cancel{60}}\times1}{1\times\underset{1}{\cancel{30}}}=2$

答え 2分

3 1m²あたり$\frac{3}{7}$Lの水をまきます。$\frac{3}{4}$m²の畑では、何Lの水がいりますか。（式10点、答え10点）

式 $\frac{3}{7}\times\frac{3}{4}=\frac{3\times3}{7\times4}=\frac{9}{28}$

答え $\frac{9}{28}$L

4 分数のわり算 ①

学習日 月 日 名前

色をぬろう わからない だいたいできた できた!

1 $\frac{2}{5}$m²のかべをぬるのに、ペンキ$\frac{3}{4}$dL使います。ペンキ1dLでは、何m²のかべがぬれますか。

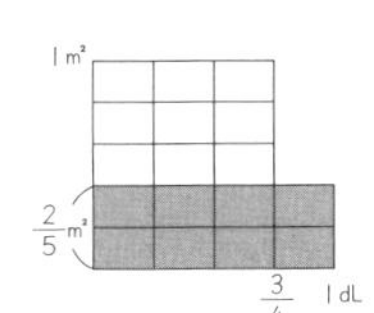

左の■1つ分の大きさは$\frac{1}{15}$です。1dLでぬれるのは8個分で$\frac{8}{15}$です。

計算は、わる数の逆数をかけて求めます。

式 $\frac{2}{5}\div\frac{3}{4}=\frac{2}{5}\times\frac{4}{3}=\frac{2\times4}{5\times3}=\frac{8}{15}$

答え $\frac{8}{15}$m²

2 次の計算をしましょう。答えが仮分数のとき、そのままでかまいません。

① $\frac{7}{4}\div\frac{8}{9}=\frac{7}{4}\times\frac{9}{8}=\frac{7\times9}{4\times8}=\frac{63}{32}$

② $\frac{9}{7}\div\frac{4}{5}=\frac{9}{7}\times\frac{5}{4}=\frac{9\times5}{7\times4}=\frac{45}{28}$

③ $\frac{7}{6}\div\frac{3}{5}=\frac{7}{6}\times\frac{5}{3}=\frac{7\times5}{6\times3}=\frac{35}{18}$

④ $\frac{3}{4}\div\frac{5}{7}=\frac{3}{4}\times\frac{7}{5}=\frac{3\times7}{4\times5}=\frac{21}{20}$

4 分数のわり算 ②

学習日　月　日　名前

$$\frac{2}{3}\div 5=\frac{2}{3}\div\frac{5}{1}=\frac{2}{3}\times\frac{1}{5}=\frac{2\times1}{3\times5}=\frac{2}{15}$$

5は$\frac{5}{1}$

$$3\div\frac{2}{3}=\frac{3}{1}\div\frac{2}{3}=\frac{3}{1}\times\frac{3}{2}=\frac{3\times3}{1\times2}=\frac{9}{2}$$

3は$\frac{3}{1}$

1 次の計算をしましょう。

① $\frac{5}{9}\div\frac{14}{25}=\frac{5}{9}\times\frac{25}{14}=\frac{5\times1}{9\times4}=\frac{5}{36}$

② $\frac{1}{7}\div\frac{9}{5}=\frac{1}{7}\times\frac{1}{2}=\frac{1\times1}{7\times2}=\frac{1}{14}$

2 次の計算をしましょう。答えが仮分数のとき、そのままでかまいません。

① $5\div\frac{3}{4}=\frac{5}{1}\times\frac{4}{3}=\frac{5\times4}{1\times3}=\frac{20}{3}$

② $7\div\frac{2}{3}=\frac{7}{1}\times\frac{3}{2}=\frac{7\times3}{1\times2}=\frac{21}{2}$

4 分数のわり算 ③

名前

$$\frac{4}{5}\div\frac{2}{3}=\frac{4}{5}\times\frac{3}{2}$$ ←逆数をかける

$$=\frac{{}^{2}\cancel{4}\times3}{5\times\cancel{2}_{1}}$$ ←約分

$$=\frac{6}{5}$$

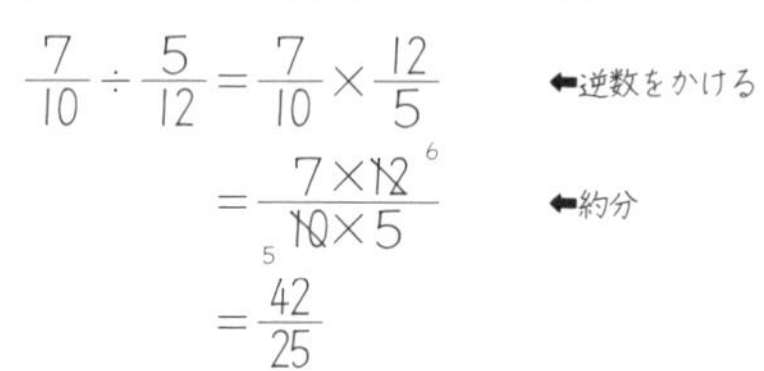

$$\frac{7}{10}\div\frac{5}{12}=\frac{7}{10}\times\frac{12}{5}$$ ←逆数をかける

$$=\frac{7\times\cancel{12}^{6}}{{}_{5}\cancel{10}\times5}$$ ←約分

$$=\frac{42}{25}$$

1 次の計算をしましょう。答えが仮分数のとき、そのままでかまいません。

① $\frac{7}{9}\div\frac{14}{25}=\frac{7}{9}\times\frac{25}{14}=\frac{{}^{1}\cancel{7}\times25}{9\times\cancel{14}_{2}}=\frac{25}{18}$

② $\frac{3}{8}\div\frac{9}{5}=\frac{3}{8}\times\frac{5}{9}=\frac{{}^{1}\cancel{3}\times5}{8\times\cancel{9}_{3}}=\frac{5}{24}$

2 次の計算をしましょう。答えが仮分数のとき、そのままでかまいません。

① $\frac{7}{15}\div\frac{9}{10}=\frac{7}{15}\times\frac{10}{9}=\frac{7\times\cancel{10}^{2}}{{}_{3}\cancel{15}\times9}=\frac{14}{27}$

② $\frac{6}{7}\div\frac{5}{14}=\frac{6}{7}\times\frac{14}{5}=\frac{6\times\cancel{14}^{2}}{{}_{1}\cancel{7}\times5}=\frac{12}{5}$

4 分数のわり算 ④

学習日　月　日　名前

1 次の計算をしましょう。答えが仮分数のとき、そのままでかまいません。

① $\frac{8}{9}\div\frac{7}{15}=\frac{8}{9}\times\frac{15}{7}=\frac{8\times\cancel{15}^{5}}{{}_{3}\cancel{9}\times7}=\frac{40}{21}$

② $\frac{3}{4}\div\frac{5}{8}=\frac{3}{4}\times\frac{8}{5}=\frac{3\times\cancel{8}^{2}}{{}_{1}\cancel{4}\times5}=\frac{6}{5}$

③ $\frac{2}{9}\div\frac{5}{6}=\frac{2}{9}\times\frac{6}{5}=\frac{2\times\cancel{6}^{2}}{{}_{3}\cancel{9}\times5}=\frac{4}{15}$

④ $\frac{7}{8}\div\frac{3}{4}=\frac{7}{8}\times\frac{4}{3}=\frac{7\times\cancel{4}^{1}}{{}_{2}\cancel{8}\times3}=\frac{7}{6}$

2 次の計算をしましょう。答えが仮分数のとき、そのままでかまいません。

① $\frac{2}{7}\div\frac{4}{5}-\frac{2}{7}\times\frac{5}{4}=\frac{{}^{1}\cancel{2}\times5}{7\times\cancel{4}_{2}}=\frac{5}{14}$

② $\frac{2}{5}\div\frac{6}{7}=\frac{2}{5}\times\frac{7}{6}=\frac{{}^{1}\cancel{2}\times7}{5\times\cancel{6}_{3}}=\frac{7}{15}$

③ $\frac{5}{9}\div\frac{5}{7}=\frac{5}{9}\times\frac{7}{5}=\frac{{}^{1}\cancel{5}\times7}{9\times\cancel{5}_{1}}=\frac{7}{9}$

④ $\frac{5}{6}\div\frac{5}{7}=\frac{5}{6}\times\frac{7}{5}=\frac{{}^{1}\cancel{5}\times7}{6\times\cancel{5}_{1}}=\frac{7}{6}$

4 分数のわり算 ⑤

名前

$$\frac{3}{4}\div\frac{9}{8}=\frac{3}{4}\times\frac{8}{9}$$ ←逆数をかける

$$=\frac{{}^{1}\cancel{3}\times\cancel{8}^{2}}{{}_{1}\cancel{4}\times\cancel{9}_{3}}$$ ←約分2回

$$=\frac{2}{3}$$

1 次の計算をしましょう。

① $\frac{2}{5}\div\frac{8}{15}=\frac{2}{5}\times\frac{15}{8}=\frac{{}^{1}\cancel{2}\times\cancel{15}^{3}}{{}_{1}\cancel{5}\times\cancel{8}_{4}}=\frac{3}{4}$

② $\frac{3}{7}\div\frac{9}{14}=\frac{3}{7}\times\frac{14}{9}=\frac{{}^{1}\cancel{3}\times\cancel{14}^{2}}{{}_{1}\cancel{7}\times\cancel{9}_{3}}=\frac{2}{3}$

2 次の計算をしましょう。答えが仮分数のとき、そのままでかまいません。

① $\frac{3}{5}\div\frac{9}{25}=\frac{3}{5}\times\frac{25}{9}=\frac{{}^{1}\cancel{3}\times\cancel{25}^{5}}{{}_{1}\cancel{5}\times\cancel{9}_{3}}=\frac{5}{3}$

② $\frac{7}{8}\div\frac{7}{4}=\frac{7}{8}\times\frac{4}{7}=\frac{{}^{1}\cancel{7}\times\cancel{4}^{1}}{{}_{2}\cancel{8}\times\cancel{7}_{1}}=\frac{1}{2}$

③ $\frac{4}{9}\div\frac{8}{9}=\frac{4}{9}\times\frac{9}{8}=\frac{{}^{1}\cancel{4}\times\cancel{9}^{1}}{{}_{1}\cancel{9}\times\cancel{8}_{2}}=\frac{1}{2}$

④ $\frac{2}{3}\div\frac{8}{15}=\frac{2}{3}\times\frac{15}{8}=\frac{{}^{1}\cancel{2}\times\cancel{15}^{5}}{{}_{1}\cancel{3}\times\cancel{8}_{4}}=\frac{5}{4}$

4 分数のわり算 ⑥

1 次の計算をしましょう。答えが仮分数のとき、そのままでかまいません。

① $\frac{8}{9}\div\frac{20}{21}=\frac{8}{9}\times\frac{21}{20}=\frac{\overset{2}{\cancel{8}}\times\overset{7}{\cancel{21}}}{\underset{3}{\cancel{9}}\times\underset{5}{\cancel{20}}}=\frac{14}{15}$

② $\frac{15}{16}\div\frac{9}{10}=\frac{15}{16}\times\frac{10}{9}=\frac{\overset{5}{\cancel{15}}\times\overset{5}{\cancel{10}}}{\underset{8}{\cancel{16}}\times\underset{3}{\cancel{9}}}=\frac{25}{24}$

③ $\frac{8}{21}\div\frac{6}{35}=\frac{8}{21}\times\frac{35}{6}=\frac{\overset{4}{\cancel{8}}\times\overset{5}{\cancel{35}}}{\underset{3}{\cancel{21}}\times\underset{3}{\cancel{6}}}=\frac{20}{9}$

④ $\frac{10}{21}\div\frac{14}{15}=\frac{10}{21}\times\frac{15}{14}=\frac{\overset{5}{\cancel{10}}\times\overset{5}{\cancel{15}}}{\underset{7}{\cancel{21}}\times\underset{7}{\cancel{14}}}=\frac{25}{49}$

2 次の計算をしましょう。答えが仮分数のとき、そのままでかまいません。

① $\frac{14}{15}\div\frac{8}{9}=\frac{14}{15}\times\frac{9}{8}=\frac{\overset{7}{\cancel{14}}\times\overset{3}{\cancel{9}}}{\underset{5}{\cancel{15}}\times\underset{4}{\cancel{8}}}=\frac{21}{20}$

② $\frac{15}{16}\div\frac{9}{20}=\frac{15}{16}\times\frac{20}{9}=\frac{\overset{5}{\cancel{15}}\times\overset{5}{\cancel{20}}}{\underset{4}{\cancel{16}}\times\underset{3}{\cancel{9}}}=\frac{25}{12}$

③ $\frac{5}{9}\div\frac{25}{27}=\frac{5}{9}\times\frac{27}{25}=\frac{\overset{1}{\cancel{5}}\times\overset{3}{\cancel{27}}}{\underset{1}{\cancel{9}}\times\underset{5}{\cancel{25}}}=\frac{3}{5}$

④ $\frac{8}{25}\div\frac{12}{35}=\frac{8}{25}\times\frac{35}{12}=\frac{\overset{2}{\cancel{8}}\times\overset{7}{\cancel{35}}}{\underset{5}{\cancel{25}}\times\underset{3}{\cancel{12}}}=\frac{14}{15}$

4 分数のわり算 ⑦

$2\frac{5}{8}\div1\frac{1}{6}=\frac{21}{8}\div\frac{7}{6}$ ←仮分数に

$=\frac{\overset{3}{\cancel{21}}\times\overset{3}{\cancel{6}}}{\underset{4}{\cancel{8}}\times\underset{1}{\cancel{7}}}$ ←約分

$=\frac{9}{4}=2\frac{1}{4}$ ←帯分数に

1 次の計算をしましょう。答えが仮分数のときは、帯分数に直しましょう。

① $2\frac{1}{4}\div2\frac{1}{10}=\frac{9}{4}\div\frac{21}{10}=\frac{\overset{3}{\cancel{9}}\times\overset{5}{\cancel{10}}}{\underset{2}{\cancel{4}}\times\underset{7}{\cancel{21}}}=\frac{15}{14}=1\frac{1}{14}$

② $1\frac{1}{6}\div2\frac{5}{8}=\frac{7}{6}\div\frac{21}{8}=\frac{\overset{1}{\cancel{7}}\times\overset{4}{\cancel{8}}}{\underset{3}{\cancel{6}}\times\underset{3}{\cancel{21}}}=\frac{4}{9}$

2 次の計算をしましょう。答えが仮分数のときは、帯分数に直しましょう。

① $2\frac{1}{10}\div2\frac{1}{4}=\frac{21}{10}\div\frac{9}{4}=\frac{\overset{7}{\cancel{21}}\times\overset{2}{\cancel{4}}}{\underset{5}{\cancel{10}}\times\underset{3}{\cancel{9}}}=\frac{14}{15}$

② $2\frac{1}{3}\div1\frac{1}{6}=\frac{7}{3}\div\frac{7}{6}=\frac{\overset{1}{\cancel{7}}\times\overset{2}{\cancel{6}}}{\underset{1}{\cancel{3}}\times\underset{1}{\cancel{7}}}=2$

③ $1\frac{7}{8}\div1\frac{1}{4}=\frac{15}{8}\div\frac{5}{4}=\frac{\overset{3}{\cancel{15}}\times\overset{1}{\cancel{4}}}{\underset{2}{\cancel{8}}\times\underset{1}{\cancel{5}}}=\frac{3}{2}=1\frac{1}{2}$

4 分数のわり算 ⑧

1 次の計算をしましょう。答えが仮分数のとき、帯分数に直しましょう。

① $2\frac{2}{5}\div1\frac{1}{15}=\frac{12}{5}\div\frac{16}{15}=\frac{\overset{3}{\cancel{12}}\times\overset{3}{\cancel{15}}}{\underset{1}{\cancel{5}}\times\underset{4}{\cancel{16}}}=\frac{9}{4}=2\frac{1}{4}$

② $4\frac{1}{6}\div1\frac{1}{9}=\frac{25}{6}\div\frac{10}{9}=\frac{\overset{5}{\cancel{25}}\times\overset{3}{\cancel{9}}}{\underset{2}{\cancel{6}}\times\underset{2}{\cancel{10}}}=\frac{15}{4}=3\frac{3}{4}$

③ $2\frac{11}{12}\div2\frac{7}{9}=\frac{35}{12}\div\frac{25}{9}=\frac{\overset{7}{\cancel{35}}\times\overset{3}{\cancel{9}}}{\underset{4}{\cancel{12}}\times\underset{5}{\cancel{25}}}=\frac{21}{20}=1\frac{1}{20}$

2 次の計算をしましょう。答えが仮分数のとき、帯分数に直しましょう。

① $1\frac{1}{14}\div1\frac{4}{21}=\frac{15}{14}\div\frac{25}{21}=\frac{\overset{3}{\cancel{15}}\times\overset{3}{\cancel{21}}}{\underset{2}{\cancel{14}}\times\underset{5}{\cancel{25}}}=\frac{9}{10}$

② $1\frac{5}{9}\div1\frac{1}{6}=\frac{14}{9}\div\frac{7}{6}=\frac{\overset{2}{\cancel{14}}\times\overset{2}{\cancel{6}}}{\underset{3}{\cancel{9}}\times\underset{1}{\cancel{7}}}=\frac{4}{3}=1\frac{1}{3}$

③ $1\frac{7}{8}\div2\frac{1}{12}=\frac{15}{8}\div\frac{25}{12}=\frac{\overset{3}{\cancel{15}}\times\overset{3}{\cancel{12}}}{\underset{2}{\cancel{8}}\times\underset{5}{\cancel{25}}}=\frac{9}{10}$

4 分数のわり算 ⑨

1 1mの重さが$2\frac{2}{5}$kgの銅管があります。この銅管の重さが$3\frac{3}{5}$kgのとき長さは何mですか。

式 $3\frac{3}{5}\div2\frac{2}{5}=\frac{18}{5}\div\frac{12}{5}=\frac{\overset{3}{\cancel{18}}\times\overset{1}{\cancel{5}}}{\underset{1}{\cancel{5}}\times\underset{2}{\cancel{12}}}=\frac{3}{2}=1\frac{1}{2}$

答え $1\frac{1}{2}$m

2 $1\frac{1}{7}$m²のかべに$2\frac{2}{3}$dLのペンキをぬります。1dLでは何m²ぬれますか。

式 $1\frac{1}{7}\div2\frac{2}{3}=\frac{8}{7}\div\frac{8}{3}=\frac{\overset{1}{\cancel{8}}\times3}{7\times\underset{1}{\cancel{8}}}=\frac{3}{7}$

答え $\frac{3}{7}$m²

3 $\frac{5}{9}$m²の銅板の重さは$3\frac{1}{3}$kgです。この銅板1m²の重さは何kgですか。

式 $3\frac{1}{3}\div\frac{5}{9}=\frac{10}{3}\div\frac{5}{9}=\frac{\overset{2}{\cancel{10}}\times\overset{3}{\cancel{9}}}{\underset{1}{\cancel{3}}\times\underset{1}{\cancel{5}}}=6$

答え 6kg

4 $\frac{8}{9}$m²の畑を$\frac{2}{7}$時間で耕しました。1時間あたり何m²耕したことになりますか。

式 $\frac{8}{9}\div\frac{2}{7}=\frac{\overset{4}{\cancel{8}}\times7}{9\times\underset{1}{\cancel{2}}}=\frac{28}{9}=3\frac{1}{9}$

答え $3\frac{1}{9}$m²

4 分数のわり算 ⑩

学習日 月 日 名前

色をぬろう

$$\frac{5}{6} \div \frac{5}{8} \times \frac{3}{4} = \frac{5}{6} \times \frac{8}{5} \times \frac{3}{4} = \frac{5 \times 8 \times 3}{6 \times 5 \times 4} = 1$$

1 次の計算をしましょう。

① $\frac{5}{8} \div \frac{5}{9} \div \frac{3}{4} = \frac{5}{8} \times \frac{9}{5} \times \frac{4}{3} = \frac{5 \times 9 \times 4}{8 \times 5 \times 3} = \frac{3}{2}\ (1\frac{1}{2})$

② $\frac{3}{4} \div \frac{1}{4} \div \frac{6}{7} = \frac{3}{4} \times \frac{4}{1} \times \frac{7}{6} = \frac{3 \times 4 \times 7}{4 \times 1 \times 6} = \frac{7}{2}\ (3\frac{1}{2})$

2 次の計算をしましょう。

① $\frac{4}{9} \div \frac{6}{7} \div \frac{8}{15} = \frac{4}{9} \times \frac{7}{6} \times \frac{15}{8} = \frac{4 \times 7 \times 15}{9 \times 6 \times 8} = \frac{35}{36}$

② $\frac{2}{3} \times \frac{1}{8} \div \frac{7}{9} = \frac{2}{3} \times \frac{1}{8} \times \frac{9}{7} = \frac{2 \times 1 \times 9}{3 \times 8 \times 7} = \frac{3}{28}$

③ $\frac{5}{4} \times \frac{8}{15} \div \frac{2}{7} = \frac{5}{4} \times \frac{8}{15} \times \frac{7}{2} = \frac{5 \times 8 \times 7}{4 \times 15 \times 2} = \frac{7}{3}\ (2\frac{1}{3})$

4 分数のわり算 ⑪

学習日 月 日 名前

色をぬろう

$$0.3 \div \frac{3}{5} = \frac{3}{10} \div \frac{3}{5} = \frac{3}{10} \times \frac{5}{3} = \frac{3 \times 5}{10 \times 3} = \frac{1}{2}$$

0.3は$\frac{3}{10}$

1 次の計算をしましょう。

① $\frac{1}{2} \times \frac{3}{7} \div 0.9 = \frac{1}{2} \times \frac{3}{7} \times \frac{10}{9} = \frac{1 \times 3 \times 10}{2 \times 7 \times 9} = \frac{5}{21}$

② $\frac{3}{10} \times \frac{7}{20} \div 0.3 = \frac{3}{10} \times \frac{7}{20} \times \frac{10}{3} = \frac{3 \times 7 \times 10}{10 \times 20 \times 3} = \frac{7}{20}$

2 赤、青、黄色の3本のテープがあります。
赤のテープは長さが$\frac{1}{2}$m、青のテープは$\frac{5}{4}$m、黄色のテープは$\frac{7}{6}$mです。

① 赤いテープをもとにすると、青いテープは何倍ですか。

式 $\frac{5}{4} \div \frac{1}{2} = \frac{5 \times 2}{4 \times 1} = \frac{5}{2}$

答え $\frac{5}{2}$倍（$2\frac{1}{2}$倍）

② 赤いテープをもとにすると、黄色いテープは何倍ですか。

式 $\frac{7}{6} \div \frac{1}{2} = \frac{7 \times 2}{6 \times 1} = \frac{7}{3}$

答え $\frac{7}{3}$倍（$2\frac{1}{3}$倍）

4 分数のわり算 ⑫ まとめ

学習日 月 日 名前

1 次の計算をしましょう。（1つ10点）

① $\frac{2}{7} \div \frac{4}{5} = \frac{2}{7} \times \frac{5}{4} = \frac{2 \times 5}{7 \times 4} = \frac{5}{14}$

② $\frac{2}{5} \div \frac{6}{7} = \frac{2}{5} \times \frac{7}{6} = \frac{2 \times 7}{5 \times 6} = \frac{7}{15}$

③ $\frac{3}{4} \div \frac{9}{8} = \frac{3}{4} \times \frac{8}{9} = \frac{3 \times 8}{4 \times 9} = \frac{2}{3}$

④ $\frac{3}{10} \div \frac{9}{25} = \frac{3}{10} \times \frac{25}{9} = \frac{3 \times 25}{10 \times 9} = \frac{5}{6}$

2 $\frac{3}{7}$m²のかべをぬるのに、ペンキを$\frac{4}{3}$dL使いました。ペンキ1dLでは、何m²ぬれますか。（式10点、答え10点）

式 $\frac{3}{7} \div \frac{4}{3} = \frac{3 \times 3}{7 \times 4} = \frac{9}{28}$

答え $\frac{9}{28}$m²

3 $\frac{6}{7}$Lの水を$\frac{3}{5}$m²の畑に同じようにまきました。1m²あたり何Lの水をまいたことになりますか。（式10点、答え10点）

式 $\frac{6}{7} \div \frac{3}{5} = \frac{6 \times 5}{7 \times 3} = \frac{10}{7}$

答え $\frac{10}{7}$L（$1\frac{3}{7}$L）

4 1m²の畑から$1\frac{1}{3}$kgのじゃがいもがとれます。$5\frac{1}{9}$kgのじゃがいもをとるには、何m²の畑がいりますか。（式10点、答え10点）

式 $5\frac{1}{9} \div 1\frac{1}{3} = \frac{46 \times 3}{9 \times 4} = \frac{23}{6} = 3\frac{5}{6}$

答え $3\frac{5}{6}$m²

5 比とその利用 ①

色をぬろう

すを2カップ、サラダ油を3カップまぜて、ドレッシングをつくります。

このドレッシングは、すとサラダ油が、2と3の割合でまざっています。これを **2：3** と表し、**2対3** と読みます。このように表された割合を **比** といいます。

1 次の割合を比で表しましょう。

① すを3カップ、サラダ油5カップまぜたドレッシングのすとサラダ油の比。

答え 3：5

② 縦5cm、横6cmの長方形の縦と横の長さの比。

答え 5：6

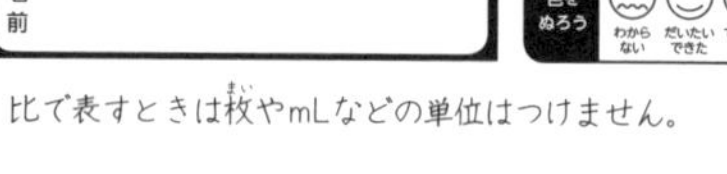

比で表すときは枚やmLなどの単位はつけません。

2 次の割合を比で表しましょう。

① 60g ， 30g

答え 60：30

② 5m ， 6m

答え 5：6

③ 40本 ， 30本

答え 40：30

④ 24枚 ， 16枚

答え 24：16

⑤ 3L ， 4L

答え 3：4

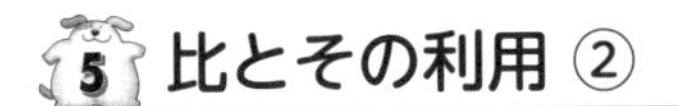

比とその利用 ②

学習日　月　日　名前　色をぬろう　わからない　だいたいできた　できた！

すとサラダ油をまぜて、ドレッシングをつくるとき、まぜる割合が等しいとき、ドレッシングの味も同じになります。

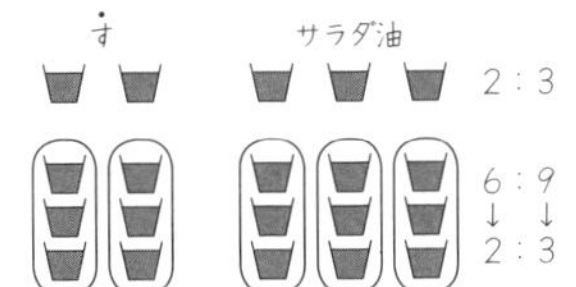

図のように、6：9＝2：3 ですから、2つの等しい比には、次のような関係があります。

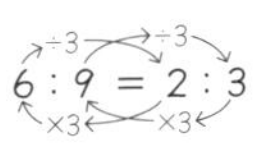

同じ数で、わったり、かけたりすることで等しい比をつくることができます。

1 等しい比をつくり、□にあてはまる数をかきましょう。

① 3：5 ＝ 6：[10]

② 10：5 ＝ 2：[1]

③ 5：2 ＝ 15：[6]

④ 12：8 ＝ 3：[2]

⑤ 9：18 ＝ 1：[2]

※等しい比　2：3＝6：9 の **比の値** は

$2:3 \rightarrow 2 \div 3 = \frac{2}{3}$,

$6:9 \rightarrow 6 \div 9 = \frac{6}{9} = \frac{2}{3}$

となり、等しくなります。

比とその利用 ③

学習日　月　日　名前　色をぬろう　わからない　だいたいできた　できた！

比 15：9 があります。15のことを前項、9のことを後項といいます。前項と後項をそれぞれ3でわって

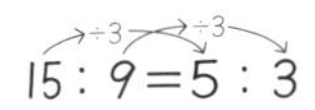

と簡単な比で表すことができます。これを比を簡単にするといいます。

1 次の比を簡単にしましょう。

① 16：28 ＝ 4：[7]

② 15：21 ＝ [5]：7

③ 14：49 ＝ 2：[7]

④ 26：39 ＝ [2]：3

2 次の比を簡単にしましょう。

① 20：15 ＝ 4：3

② 6：18 ＝ 1：3

③ 8：12 ＝ 2：3

④ 18：15 ＝ 6：5

⑤ 24：16 ＝ 3：2

⑥ 36：24 ＝ 3：2

比とその利用 ④

学習日　月　日　名前　色をぬろう　わからない　だいたいできた　できた！

比 0.4：0.8 のように、小数で表す場合があります。このとき前項、後項をそれぞれ10倍して

0.4：0.8 ＝ 4：8　⬅10倍する
　　　　＝ 1：2

と整数の簡単な比で表すことができます。

1 次の比を簡単な整数の比で表しましょう。

① 0.5：0.6 ＝ 5：6

② 0.2：0.7 ＝ 2：7

③ 1.4：1.3 ＝ 14：13

④ 0.2：0.5 ＝ 2：5

2 次の比を簡単な整数の比で表しましょう。

① 0.2：0.6 ＝2：6
　＝1：3

② 0.9：0.3 ＝9：3
　＝3：1

③ 0.5：1.5 ＝5：15
　＝1：3

④ 1.6：2.4 ＝16：24
　＝2：3

⑤ 2.1：3.5 ＝21：35
　＝3：5

⑥ 3.6：1.2 ＝36：12
　＝3：1

比とその利用 ⑤

学習日　月　日　名前　色をぬろう　わからない　だいたいできた　できた！

比 $\frac{1}{8}:\frac{1}{4}$ のように分数で表す場合があります。このとき通分して、分子どうしの等しい比をつくります。

$\frac{1}{8}:\frac{1}{4}=\frac{1}{8}:\frac{2}{8}$　⬅通分

$=1:2$　⬅分子どうし

1 次の比を簡単な整数の比で表しましょう。

① $\frac{2}{9}:\frac{5}{9}=2:5$

② $\frac{2}{3}:\frac{1}{6}=\frac{4}{6}:\frac{1}{6}$
$=4:1$

③ $\frac{3}{4}:\frac{5}{6}=\frac{9}{12}:\frac{10}{12}$
$=9:10$

2 次の比を簡単な整数の比で表しましょう。

① $\frac{2}{3}:\frac{1}{4}=\frac{8}{12}:\frac{3}{12}$
$=8:3$

② $\frac{2}{5}:\frac{1}{3}=\frac{6}{15}:\frac{5}{15}$
$=6:5$

③ $\frac{1}{4}:\frac{3}{8}=\frac{2}{8}:\frac{3}{8}$
$=2:3$

④ $\frac{5}{6}:\frac{5}{9}=\frac{15}{18}:\frac{10}{18}$
$=15:10=3:2$

⑤ $\frac{2}{7}:\frac{2}{21}=\frac{6}{21}:\frac{2}{21}$
$=6:2=3:1$

⑥ $\frac{7}{12}:\frac{7}{18}=\frac{21}{36}:\frac{14}{36}$
$=21:14=3:2$

5 比とその利用 ⑥

学習日　月　日　名前

色をぬろう　わからない　だいたいできた　できた！

1 次の割合を簡単な整数の比で表しましょう。

① 岸さんは12m、林さんは4mのひもを持っています。岸さんと林さんのひもの長さの比を求めましょう。

12：4＝3：1

答え　3：1

② 私の体重は48kgで、父の体重は64kgです。私と父と体重の比を求めましょう。

48：64＝6：8
　　　＝3：4

答え　3：4

③ プールで100mを、林さんは2分8秒で、森さんは1分56秒で泳ぎました。林さんと森さんのかかった時間の比を表しましょう。

2分8秒＝128秒、1分56秒＝116秒
128：116＝32：29

答え　32：29

2 次の割合を簡単な整数の比で表しましょう。

① 辺アイと辺イウと辺アウの長さの比

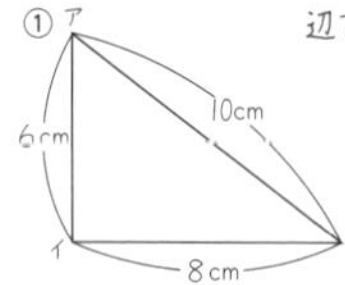

6：8：10＝3：4：5

アイ：イウ：アウ＝3：4：5

② 辺アイと辺イウと辺アウの長さの比

6：8：6＝3：4：3

アイ：イウ：アウ＝3：4：3

③ 縦、横、高さの比

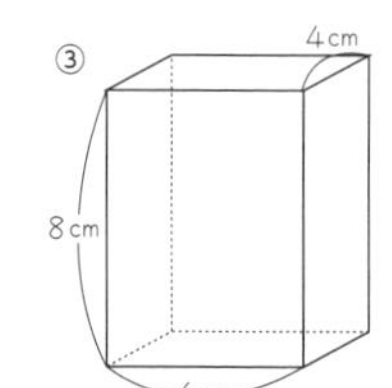

4：6：8＝2：3：4

縦：横：高さ＝　2：3：4

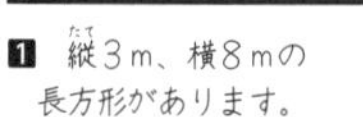

5 比とその利用 ⑦

学習日　月　日　名前

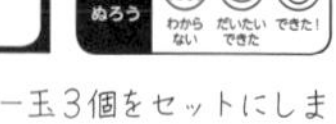

1 縦3m、横8mの長方形があります。

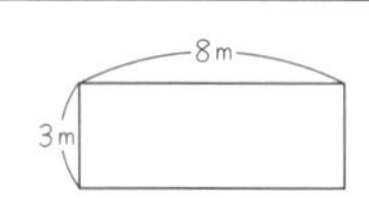

① 長方形の縦と横の長さの比を求めましょう。

縦：横＝　3：8

② 縦と横の比を変えずに、縦の長さを6mにすると横の長さは何mですか。

式　3：8 ＝ 6：□
6÷3＝2
8×2＝16

答え　16m

2 はちみつと湯を3：10の割合にまぜた飲みものをつくります。はちみつを90gにすると、湯は何g必要ですか。

式　3：10＝90：□
90÷3＝30
10×30＝300

答え　300g

3 水色のビー玉8個と黄色いビー玉3個をセットにします。水色のビー玉は120個あります。黄色いビー玉は何個いりますか。

式　8：3＝120：□
120÷8＝15
3×15＝45

答え　45個

4 赤い画用紙と白い画用紙を5：7の割合で配ります。赤い画用紙を30枚配ると、白い画用紙は何枚必要ですか。

式　5：7＝30：□
30÷5＝6
7×6＝42

答え　42枚

5 白いばら3本と赤いばら4本で花束をつくります。赤いばらは60本あります。白いばらは何本いりますか。

式　3：4＝□：60
60÷4＝15
3×15＝45

答え　45本

5 比とその利用 ⑧

学習日　月　日　名前

1 140枚の色紙を、姉と妹が 4：3 になるように分けます。

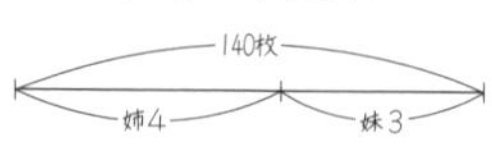

① 姉のもらう枚数は、全体の何分の何にあたりますか。

答え　$\frac{4}{7}$

② 姉、妹のもらえる枚数を出しましょう。

姉　$140\times\frac{4}{7}=80$　答え　80枚

妹　140−80＝60　答え　60枚

2 24mのロープを、3：5 の長さになるように分けます。何mと何mになりますか。

式　$24\times\frac{3}{8}=9$
24−9＝15

答え　9mと15m

3 1周すると90mの長方形の池があります。池の縦と横の比は 2：3 です。縦と横の長さは、それぞれ何mですか。

式　90÷2＝45　$45\times\frac{2}{5}=18$
45−18＝27

答え　縦18m、横27m

4 広場に108人の人がいます。この人たちの男女の人数の比は、5：4 です。それぞれ何人ですか。

式　$108\times\frac{5}{9}=60$
108−60＝48

答え　男60人、女48人

5 1800gの砂糖水があります。砂糖と水の比は、2：7 です。砂糖は何gふくまれていますか。

式　$1800\times\frac{2}{9}=400$

答え　400g

5 比とその利用 ⑨

学習日　月　日　名前

1 図を見て、木の高さを求めましょう。

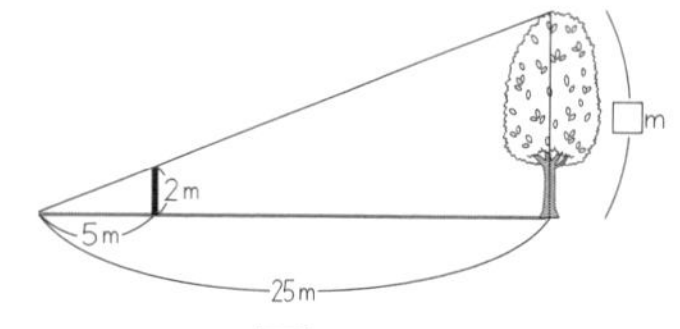

式　5：2＝25：□
25÷5＝5
2×5＝10

答え　10m

2 120m²の畑があります。この畑にナスとキュウリを7：5の面積比で植えつけました。それぞれ何m²ですか。

式　$120\times\frac{7}{12}=70$
120−70＝50

答え ナス70m²、キュウリ50m²

3 あるクラブの男子と女子の比は 7：5 です。このクラブの男子は女子より4人多いです。それぞれ何人ですか。

式　7−5＝2　2：7＝4：□
男子の人数は14
14−4＝10

答え　男子14人、女子10人

4 白と赤のバラの花が40本あります。赤いバラを4本ふやしたので、赤と白のバラの数の比は、6：5になりました。それぞれのバラの数を求めましょう。

式　$44\times\frac{6}{11}=24$
44−24＝20

答え　赤24本、白20本

5 比とその利用 ⑩ まとめ

学習日　月　日　名前

1 次の□にあてはまる数を求めましょう。（1つ5点）

① 3：5 ＝ 9：[15]

② 4：7 ＝ 16：[28]

③ 8：3 ＝ [56]：21

④ 14：42 ＝ 1：[3]

⑤ 15：21 ＝ 5：[7]

⑥ 48：12 ＝ [4]：1

⑦ 2：3 ＝ 26：[39]

⑧ 45：60 ＝ 3：[4]

2 赤い画用紙と白い画用紙を 2：7 の割合で配ります。赤い画用紙を40枚配ると、白い画用紙は何枚いりますか。（式10点、答え10点）

式　2：7＝40：□

40÷2＝20

7×20＝140

答え　140枚

3 縦と横の比が 5：7 の長方形の花だんをつくります。縦の長さが10mのとき、横の長さは何mですか。（式10点、答え10点）

式　5：7＝10：□

10÷5＝2

7×2＝14

答え　14m

4 広場にいる72人の男女比は 5：4 です。それぞれ何人ですか。（式10点、答え10点）

式　$72 \times \frac{5}{9} = 40$

72−40＝32

答え　男子40人、女子32人

6 拡大図と縮図 ①

学習日　月　日　名前

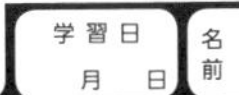

対応する角の大きさがそれぞれ等しく、対応する辺の長さの比が等しくなるように、もとの図を大きくした図を**拡大図**、小さくした図を**縮図**といいます。

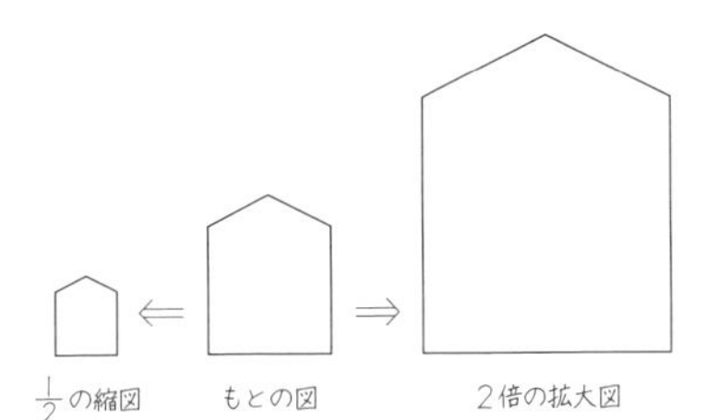

中央のもとの図に対して、右側の図は、対応する辺の長さを2倍に拡大した図です。

中央のもとの図に対して、左側の図は、対応する辺の長さを$\frac{1}{2}$に縮めた縮図になっています。

対応する角の大きさはそれぞれ等しくなっています。

1 次の図㋐の三角形の拡大図、縮図になっているものはどれですか。何倍の拡大図か、何分の一の縮図かも答えましょう。

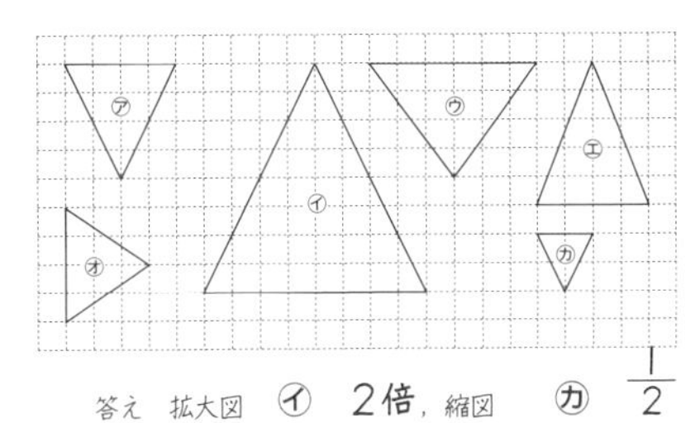

答え　拡大図　㋑　2倍，縮図　㋕　$\frac{1}{2}$

2 長方形㋑は、長方形㋐の拡大図といえますか。

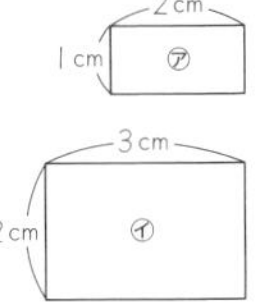

答え　いえない

6 拡大図と縮図 ②

学習日　月　日　名前

色をぬろう　わからない　だいたいできた　できた！

1 三角形エオカは、三角形アイウの2倍の拡大図です。

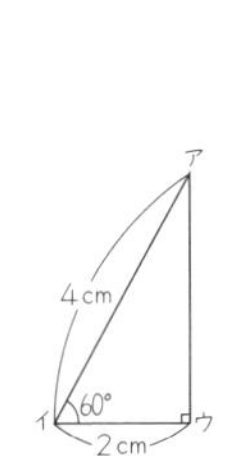

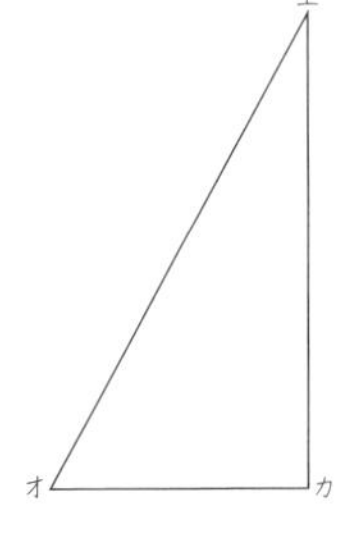

① 辺アイに対応する辺はどこですか。また何cmですか。

答え　辺エオ、8cm

② 辺イウに対応する辺はどこですか。また何cmですか。

答え　辺オカ、4cm

③ 角イに対応する角はどこですか。また何度ですか。

答え　角オ、60°

2 四角形オカキクは、四角形アイウエの$\frac{1}{2}$の縮図です。

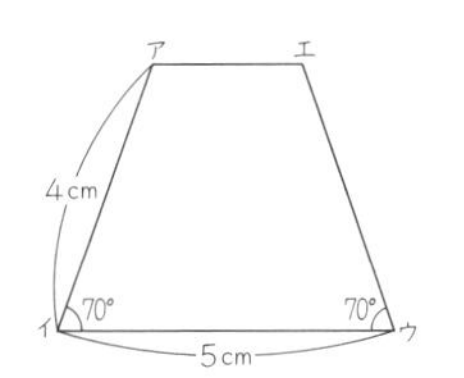

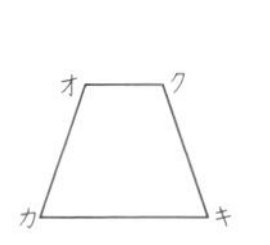

① 辺アイに対応する辺はどれですか。また何cmですか。

答え　辺オカ、2cm

② 辺イウに対応する辺はどれですか。また何cmですか。

答え　辺カキ、2.5cm

③ 角イに対応する角はどれですか。また何度ですか。

答え　角カ、70°

④ 角ウに対応する角はどれですか。また何度ですか。

答え　角キ、70°

6 拡大図と縮図 ③

学習日　月　日　名前

1 右の図を2倍に拡大した図をかきましょう。

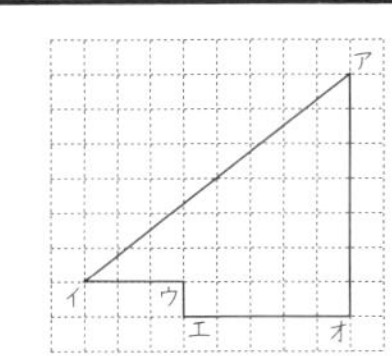

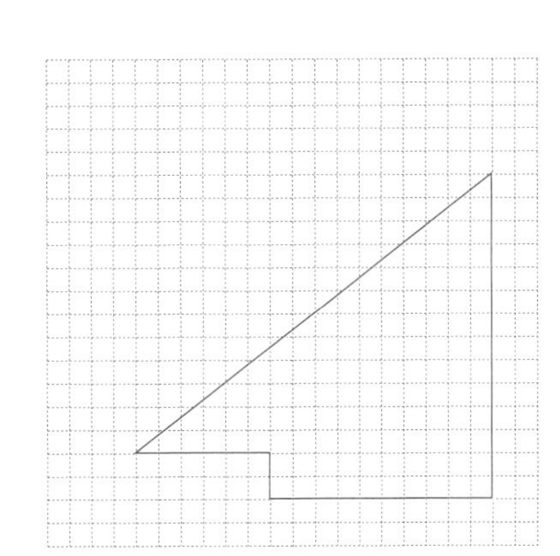

2 右の図を3倍に拡大した図をかきましょう。

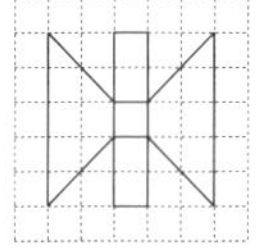

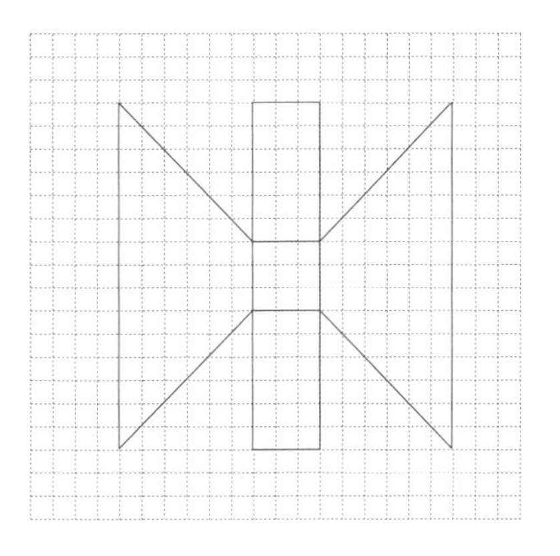

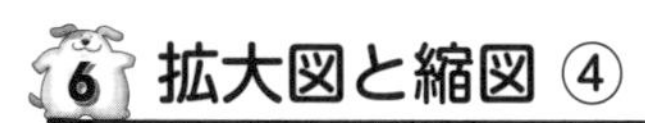

拡大図と縮図 ④

学習日　月　日　名前

■1 右の図を $\frac{1}{2}$ に縮小した図をかきましょう。

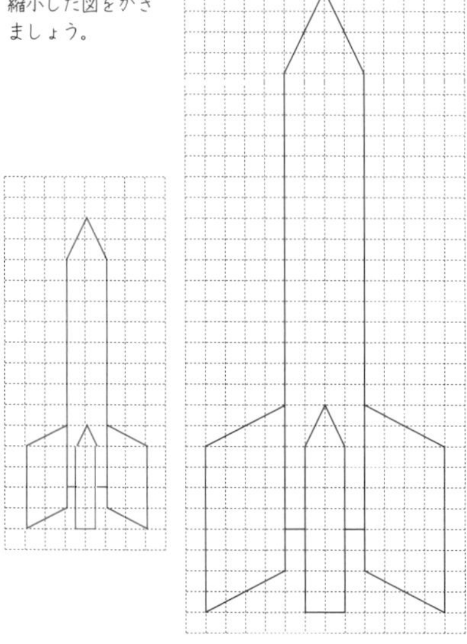

■2 下の図を $\frac{1}{3}$ に縮小した図をかきましょう。

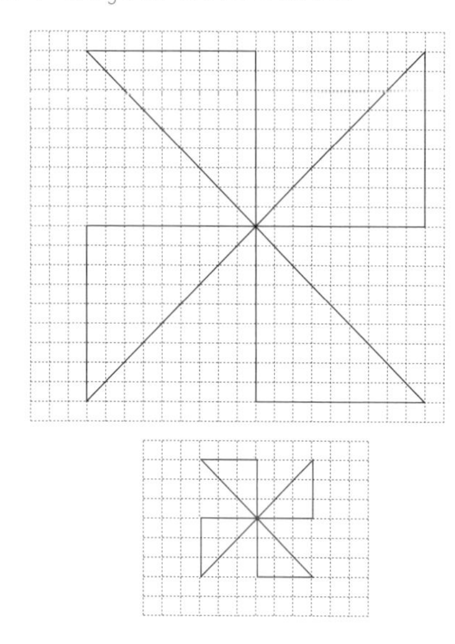

拡大図と縮図 ⑤

学習日　月　日　名前

■1 2倍に拡大しましょう。Oは拡大のもとになる点です。

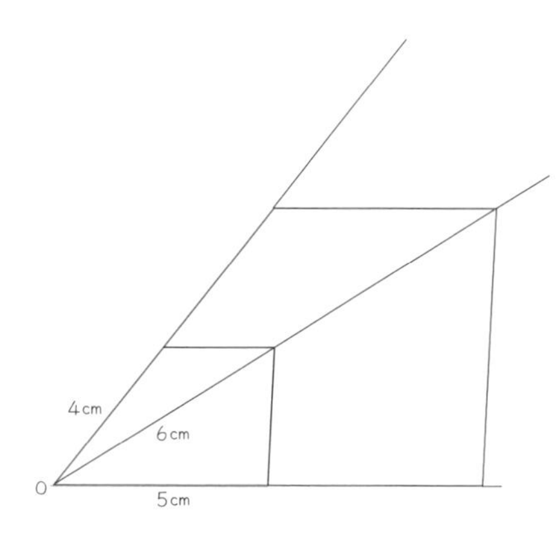

■2 3倍に拡大しましょう。Oは拡大のもとになる点です。

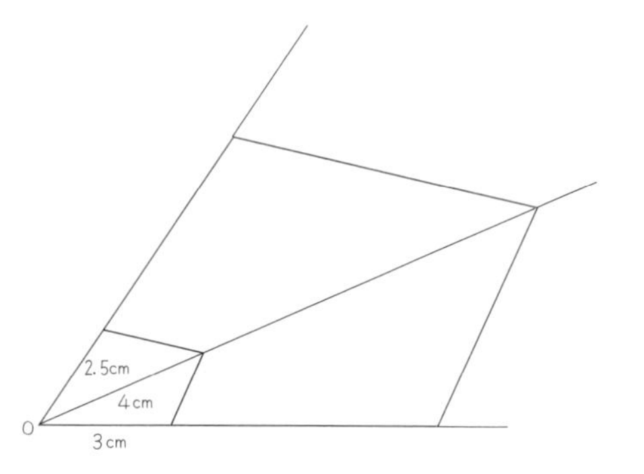

拡大図と縮図 ⑥

学習日　月　日　名前

■1 $\frac{1}{2}$ に縮小しましょう。Oは縮小のもとになる点です。

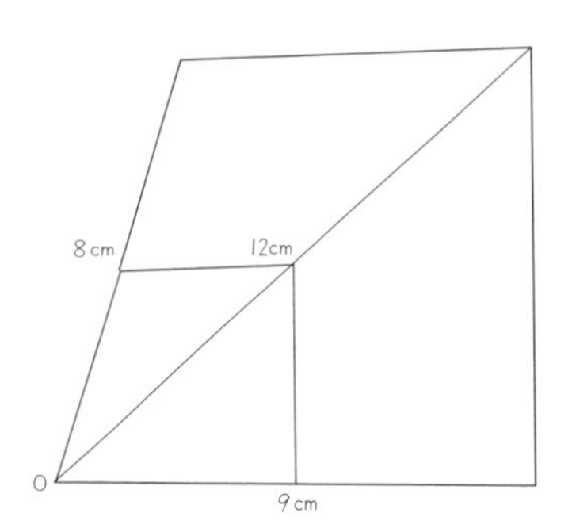

■2 $\frac{1}{3}$ に縮小しましょう。Oは縮小のもとになる点です。

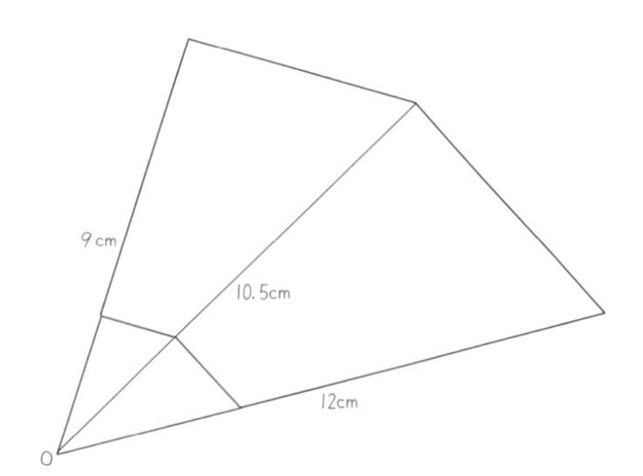

拡大図と縮図 ⑦

学習日　月　日　名前

■1 川の両側にポールがたっています。手前側のポールから5mはなれたところから、向こう側のポールは60°の角度でした。1mを1cmとして縮図をかきましょう。

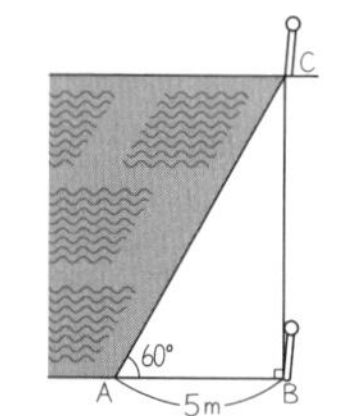

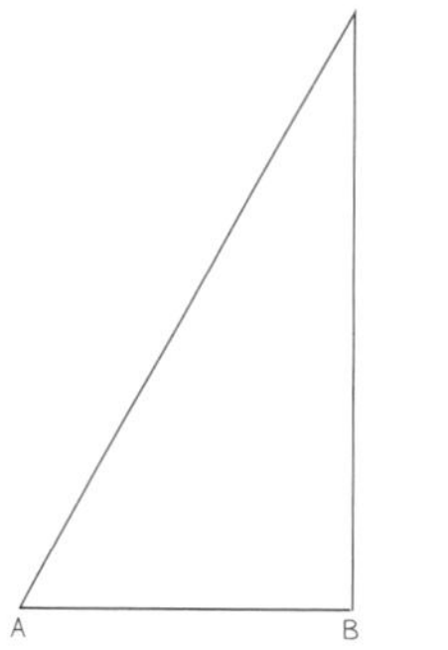

■2 ■1について答えましょう。

① 実際の長さ1mを1cmとして縮図をかきました。何分の一の縮図になりましたか。

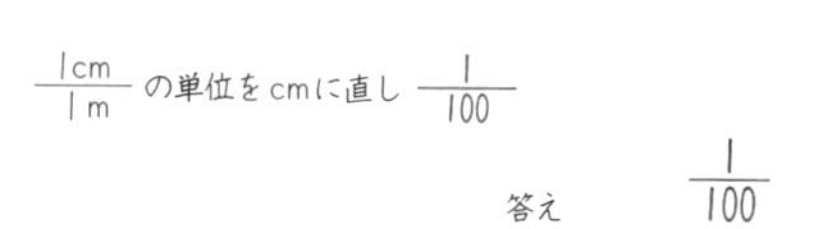

$\frac{1cm}{1m}$ の単位をcmに直し $\frac{1}{100}$

答え　$\frac{1}{100}$

② ■1でかいた縮図のBCの長さをはかりましょう。

答え　8.6cm

③ 縮図BCの長さを実際の長さにするには、100倍します。実際の長さを求めましょう。

式　8.6×100＝860cm

答え　8.6m

6 拡大図と縮図 ⑧

学習日　月　日　名前

1 右図は川はばBCを求めるためにかいた縮図です。
ABの実際の長さは、15mです。

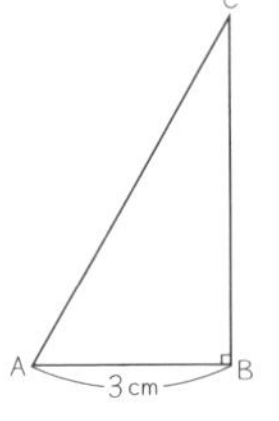

① この縮図は、何分の一の縮図ですか。

$\frac{3}{1500}=\frac{1}{500}$　　答え $\frac{1}{500}$

② 縮図BCの長さをはかりましょう。

答え　5cm

③ 実際の川はばを求めましょう。

式　5×500＝2500cm

答え　25m

2 右の図は建物の高さBCを求めるためにかいた縮図です。
ABの実際の長さは、16mです。

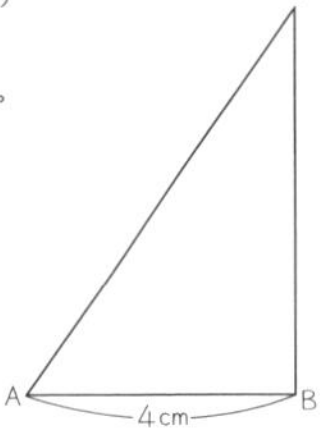

① この縮図は、何分の一の縮図ですか。

$\frac{4}{1600}=\frac{1}{400}$　　答え $\frac{1}{400}$

② 縮図BCの長さをはかりましょう。

答え　5.5cm

③ 実際の建物の高さを求めましょう。

式　5.5×400＝2200cm

答え　22m

6 拡大図と縮図 ⑨

学習日　月　日　名前

地図帳の地図は実際のものを縮めてかいた縮図です。
縮尺率は2000分の一のから、100000分の一などさまざまあります。

1 いろいろな地図で、実際の長さを求めましょう。

① 25000分の一の地図で、1cmの長さは、実際、何mになるか求めましょう。

式　1×25000＝25000cm

答え　250m

② 50000分の一の地図で、1cmの長さは、実際、何mになるか求めましょう。

式　1×50000＝50000cm

答え　500m

2 100万分の一の縮尺の地図があります。

しずか岳
高島
彦根
大津

① びわ湖の東西の長さ（高島―彦根）は約2cmです。実際の長さを求めましょう。

式　2×1000000＝2000000cm
20000m＝20km

答え　20km

② びわ湖の南北（しずか岳―大津）は約6cmです。実際の長さを求めましょう。

式　6×1000000＝6000000cm
60000m＝60km

答え　60km

6 拡大図と縮図 ⑩ まとめ

学習日　月　日　名前　　点　合格80～100点

1 もとの直角三角形の$\frac{1}{10}$の縮図は、右図のとおりです。
ABの実際の長さを求めましょう。
（式10点、答え10点）

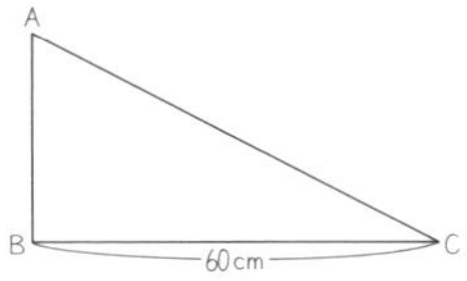

A
B
C
60cm

式　3×10＝30

答え　30cm

2 右の図はACの長さを求めるためにかいた縮図です。
ABの実際の長さは、18mです。ACの実際の長さを求めましょう。
（式15点、答え15点）

C
A
B
3cm

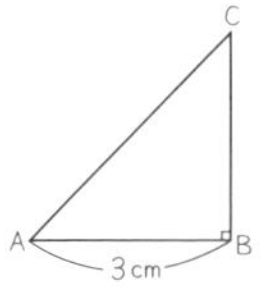

式　$\frac{3}{1800}=\frac{1}{600}$
4.3×600＝2580cm

答え　25.8m

3 校舎のかげの長さをはかって右のような図をかきました。

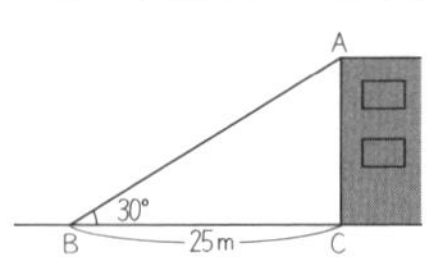

① 25mを10cmとして縮図をかきましょう。（20点）

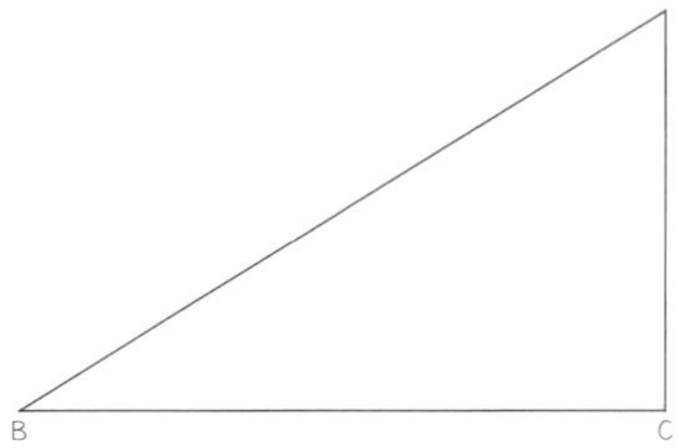

B
C

② CAの実際の長さを求めましょう。
（式15点、答え15点）

式　$\frac{10}{2500}=\frac{1}{250}$
5.6×250＝1400cm

答え　14m

7 円の面積 ①

学習日　月　日　名前

1 1cm方眼に、半径10cmの円の$\frac{1}{4}$がかいてあります。
マス目の数をかきましょう。

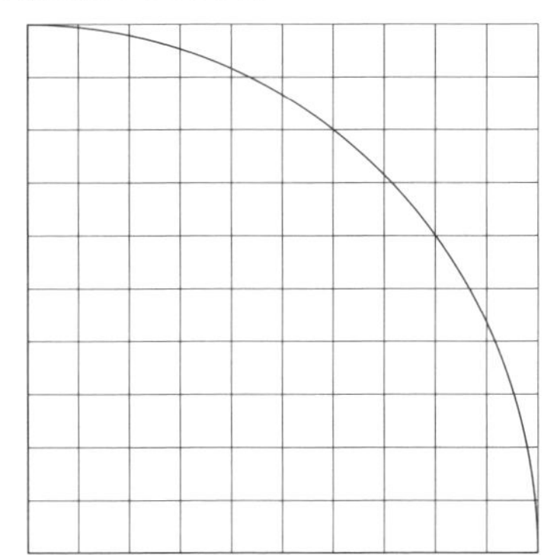

全部ふくまれるマス目の数　69

一部ふくまれるマス目の数　17

2 **1**のマス目の数を使って、次の問いに答えましょう。

① 全部ふくまれるマス目は1つ1cm^2です。
全部ふくまれるマス目はあわせて何cm^2ですか。

答え　69cm^2

② 一部ふくまれるマス目は、どれも1つ0.5cm^2とします。一部ふくまれるマス目はあわせて何cm^2ですか。

答え　8.5cm^2

③ この図形の面積はおよそ何cm^2ですか。

答え　77.5cm^2

円の面積は、次の公式で求められます。

円の面積＝半径×半径×円周率（3.14）

円の面積 ②

学習日　月　日　名前

1 次の円の面積を求めましょう。

①

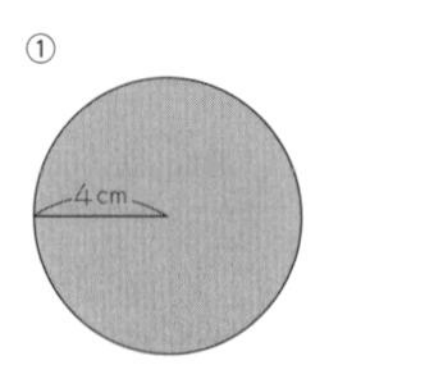

式
4×4×3.14＝50.24

答え 50.24cm²

②

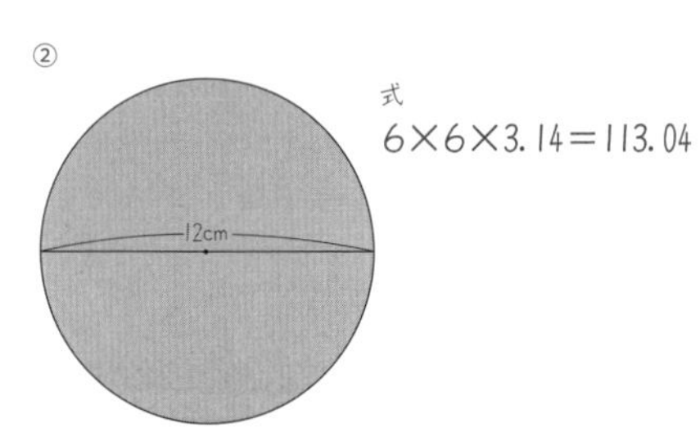

式
6×6×3.14＝113.04

答え 113.04cm²

2 次の円の面積を求めましょう。

① 半径3cmの円

式 3×3×3.14＝28.26

答え 28.26cm²

② 半径10cmの円

式 10×10×3.14＝314

答え 314cm²

③ 直径16cmの円

式 8×8×3.14＝200.96

答え 200.96cm²

④ 直径20cmの円

式 10×10×3.14＝314

答え 314cm²

円の面積 ③

学習日　月　日　名前

1 次の円の▭部分の面積を求めましょう。

①

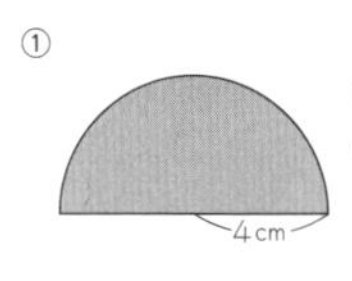

式
4×4×3.14÷2＝25.12

答え 25.12cm²

②

6cm

式
6×6×3.14÷4＝28.26

答え 28.26cm²

③

答えは小数第2位を四捨五入して求めましょう。

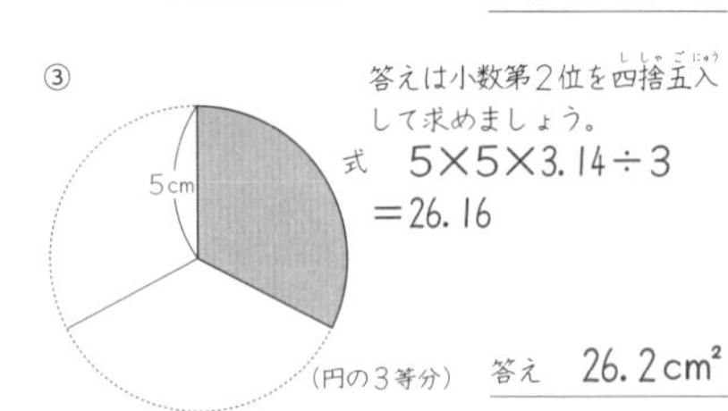

式 5×5×3.14÷3
＝26.16

(円の3等分)

答え 26.2cm²

2 次の円の▭部分の面積を求めましょう。

① 半径4cm

円の$\frac{1}{3}$の面積を求めるとき小数第2位を四捨五入しましょう。

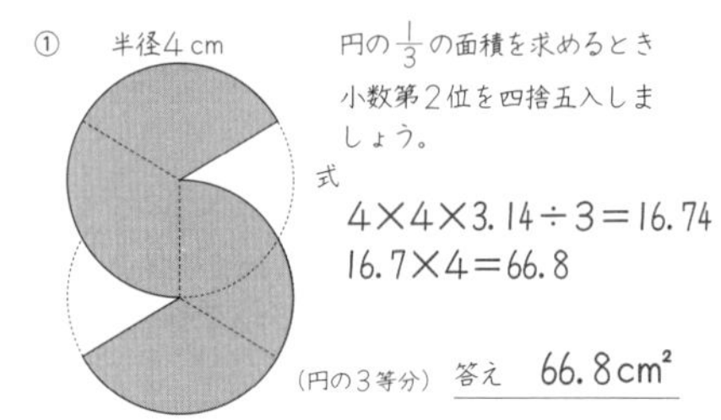

式
4×4×3.14÷3＝16.74
16.7×4＝66.8

(円の3等分)

答え 66.8cm²

② 半径5cm

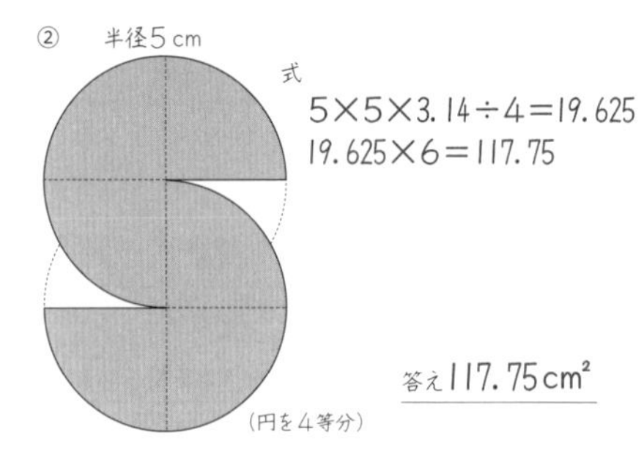

式
5×5×3.14÷4＝19.625
19.625×6＝117.75

(円を4等分)

答え 117.75cm²

円の面積 ④

学習日　月　日　名前

1 ▭部分の面積を求めましょう。

①

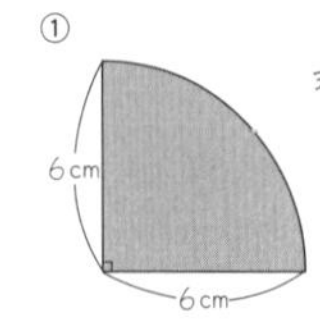

式 6×6×3.14÷4＝28.26

答え 28.26cm²

②

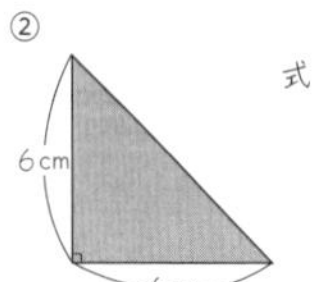

式 6×6÷2＝18

答え 18cm²

③

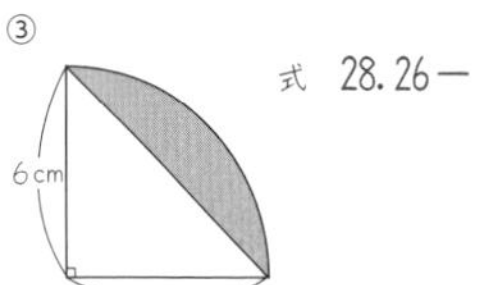

式 28.26－18＝10.26

答え 10.26cm²

2 ▭部分の面積を求めましょう。

①

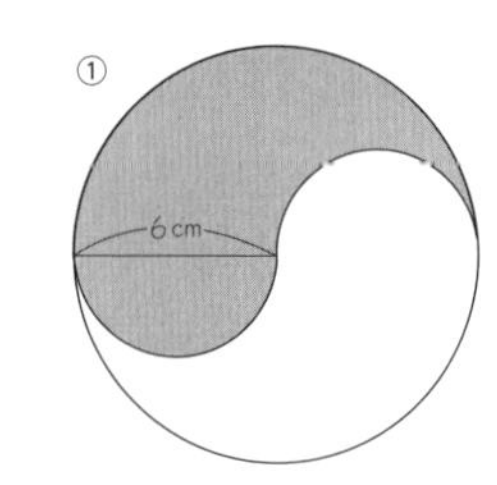

式
直径6cmの半円を右の白の部分にうつすと、色の部分は、半径6cmの半円となる。
6×6×3.14÷2＝56.52

答え 56.52cm²

②

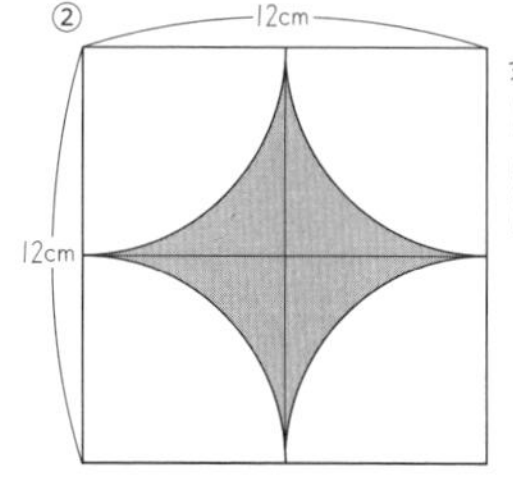

式
12×12＝144
6×6×3.14＝113.04
144－113.04＝30.96

答え 30.96cm²

円の面積 ⑤ まとめ

学習日　月　日　名前

点　合格 80〜100点

1 直径12mの円形の池の中に、直径4mの円形の島があります。この池の水面の面積を求めましょう。 (式10点、答え10点)

式 6×6×3.14＝113.04
2×2×3.14＝12.56
113.04－12.56＝100.48

答え 100.48m²

2 半径9mの円形の池の外側に、はば1mの道をつけます。道の面積を求めましょう。 (式10点、答え10点)

式 10×10×3.14＝314
9×9×3.14＝254.34
314－254.34＝59.66

答え 59.66m²

3 半径15mの円形の花だんを5等分して、その2つ分にしばふを植えます。しばふを植える面積を求めましょう。 (式10点、答え10点)

式 15×15×3.14÷5×2
＝282.6

答え 282.6m²

4 ▭の部分の面積を求めましょう。 (各式10点、各答え10点)

①

8cm

式 8×8×3.14＝200.96
16×16÷2＝128
200.96－128＝72.96

答え 72.96cm²

②

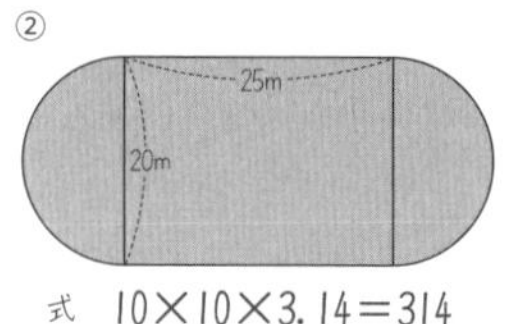

式 10×10×3.14＝314
20×25＝500
314＋500＝814

答え 814m²

8 角柱・円柱の体積 ①

学習日　月　日　名前

右のような四角柱の体積は

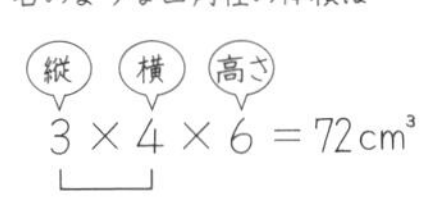

$3 \times 4 \times 6 = 72\,\text{cm}^3$

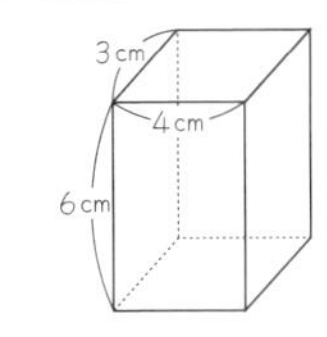

縦×横 を底面積と見ると

柱体の体積 ＝ 底面積 × 高さ

と考えることができます。

底面の形が、三角形や円などの三角柱や円柱などの体積も、求めることができます。

❶ 次の角柱の体積を求めましょう。

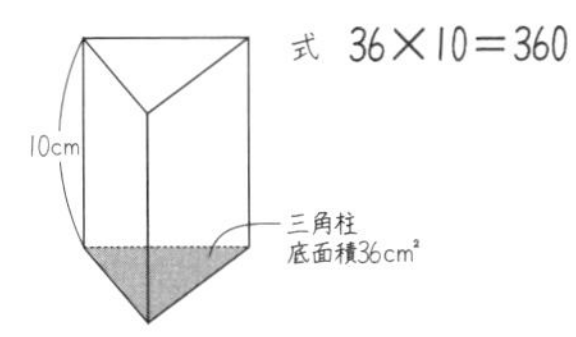

式　$36 \times 10 = 360$

答え　$360\,\text{cm}^3$

❷ 次の立体の体積を求めましょう。

①

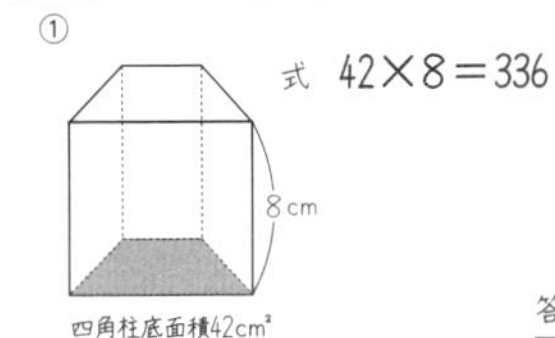

式　$42 \times 8 = 336$

答え　$336\,\text{cm}^3$

②

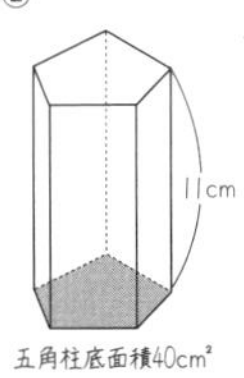
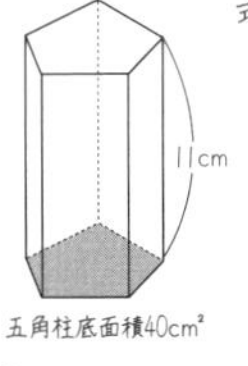

式　$40 \times 11 = 440$

答え　$440\,\text{cm}^3$

③

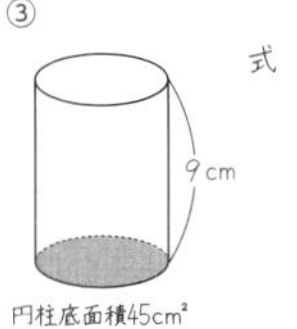
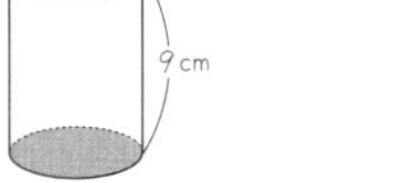

式　$45 \times 9 = 405$

答え　$405\,\text{cm}^3$

8 角柱・円柱の体積 ②

学習日　月　日　名前

❶ 次の角柱の体積を求めましょう。

①

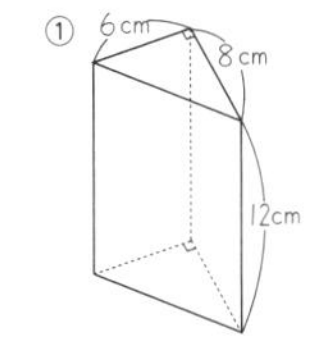

式　$6 \times 8 \div 2 = 24$
$24 \times 12 = 288$

答え　$288\,\text{cm}^3$

②

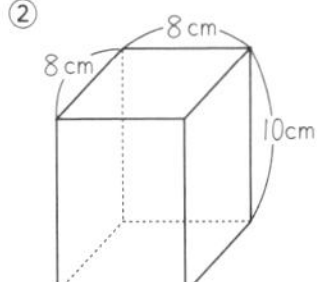

式　$8 \times 8 = 64$
$64 \times 10 = 640$

答え　$640\,\text{cm}^3$

③

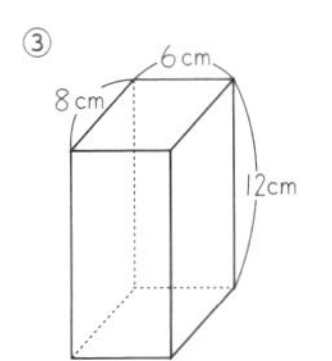

式　$8 \times 6 = 48$
$48 \times 12 = 576$

答え　$576\,\text{cm}^3$

❷ 次の立体の体積を求めましょう。

①

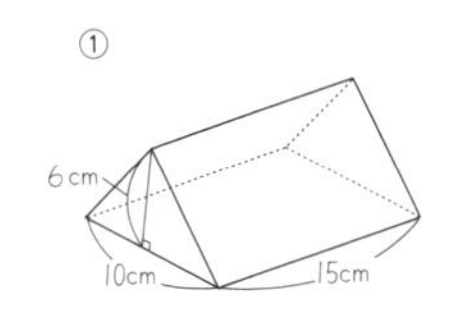

式　$10 \times 6 \div 2 = 30$
$30 \times 15 = 450$

答え　$450\,\text{cm}^3$

②

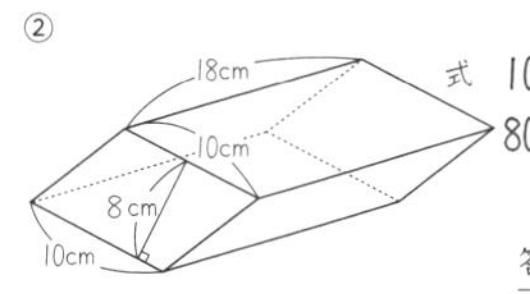

式　$10 \times 8 = 80$
$80 \times 18 = 1440$

答え　$1440\,\text{cm}^3$

③

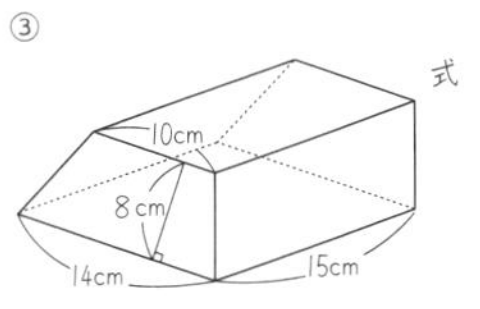

式　$(10 + 14) \times 8 \div 2 = 96$
$96 \times 15 = 1440$

答え　$1440\,\text{cm}^3$

8 角柱・円柱の体積 ③

学習日　月　日　名前

色をぬろう　わからない　だいたいできた　できた！

❶ 次の円柱の体積を求めましょう。

①

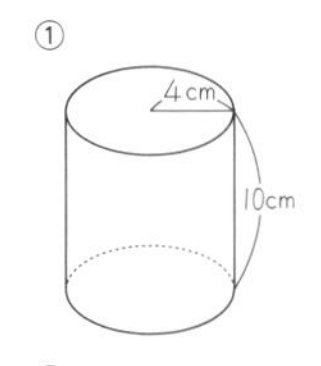

式　$4 \times 4 \times 3.14 = 50.24$
$50.24 \times 10 = 502.4$

答え　$502.4\,\text{cm}^3$

②

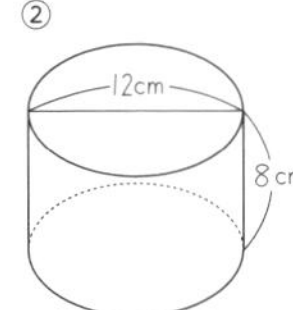

式　$6 \times 6 \times 3.14 = 113.04$
$113.04 \times 8 = 904.32$

答え　$904.32\,\text{cm}^3$

③

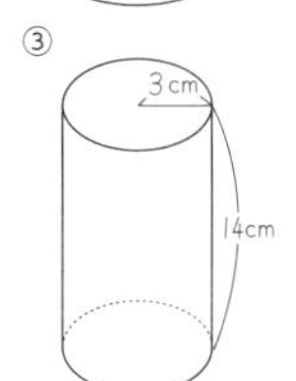

式　$3 \times 3 \times 3.14 = 28.26$
$28.26 \times 14 = 395.64$

答え　$395.64\,\text{cm}^3$

❷ 次の立体の体積を求めましょう。

①

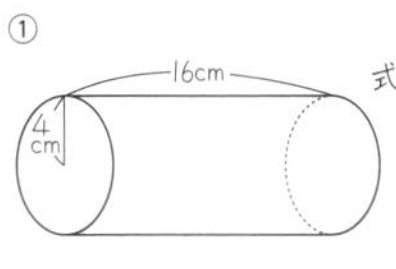

式　$4 \times 4 \times 3.14 = 50.24$
$50.24 \times 16 = 803.84$

答え　$803.84\,\text{cm}^3$

②

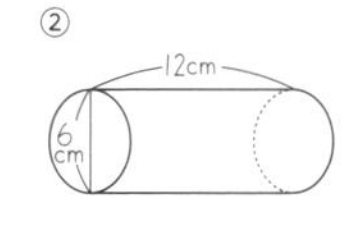

式　$3 \times 3 \times 3.14 = 28.26$
$28.26 \times 12 = 339.12$

答え　$339.12\,\text{cm}^3$

③

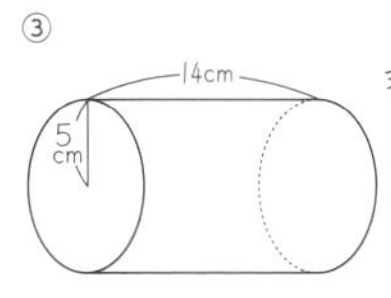

式　$5 \times 5 \times 3.14 = 78.5$
$78.5 \times 14 = 1099$

答え　$1099\,\text{cm}^3$

8 角柱・円柱の体積 ④

学習日　月　日　名前

❶ 次の立体の体積を求めましょう。

①

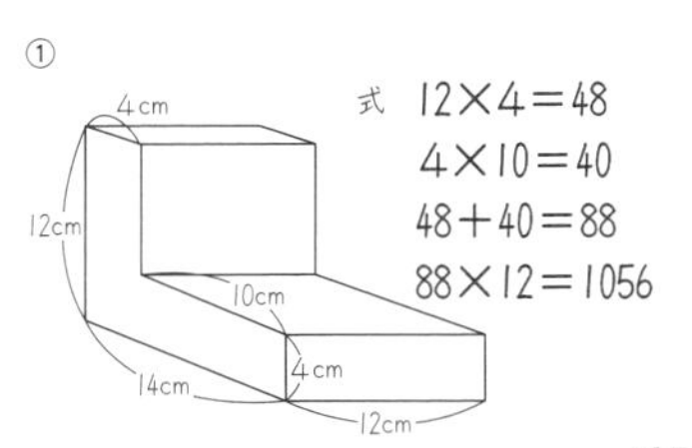

式　$12 \times 4 = 48$
$4 \times 10 = 40$
$48 + 40 = 88$
$88 \times 12 = 1056$

答え　$1056\,\text{cm}^3$

②

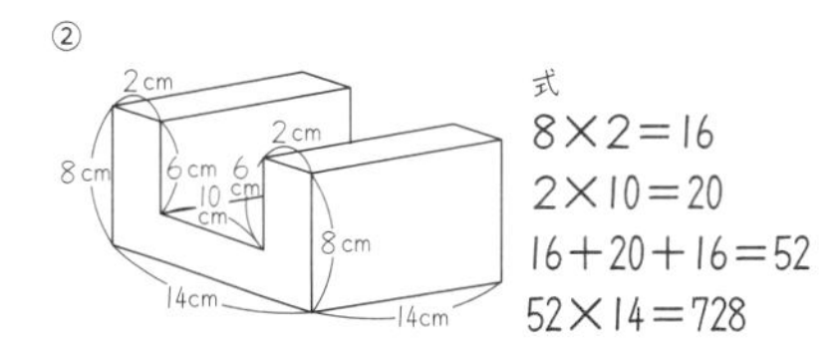

式
$8 \times 2 = 16$
$2 \times 10 = 20$
$16 + 20 + 16 = 52$
$52 \times 14 = 728$

答え　$728\,\text{cm}^3$

❷ 次の立体の体積を求めましょう。

①

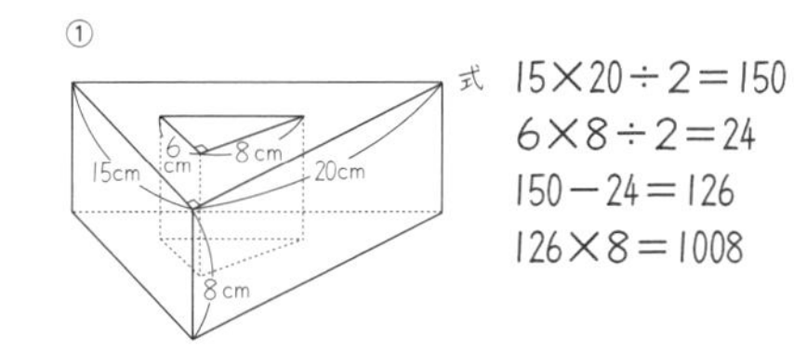

式　$15 \times 20 \div 2 = 150$
$6 \times 8 \div 2 = 24$
$150 - 24 = 126$
$126 \times 8 = 1008$

答え　$1008\,\text{cm}^3$

②

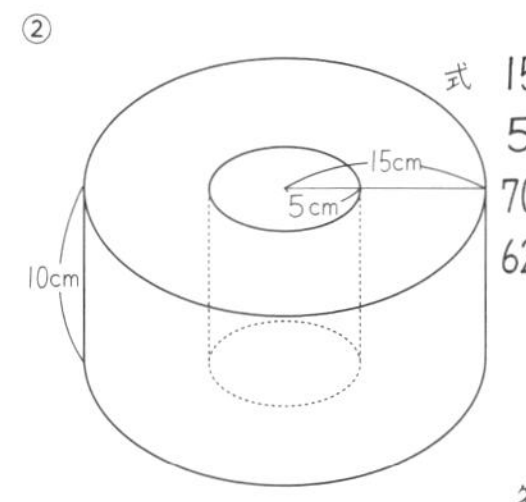

式　$15 \times 15 \times 3.14 = 706.5$
$5 \times 5 \times 3.14 = 78.5$
$706.5 - 78.5 = 628$
$628 \times 10 = 6280$

答え　$6280\,\text{cm}^3$

9 およその面積・体積 ①

学習日　月　日　名前

色をぬろう　わからない　だいたいできた　できた！

1 大阪城公園の広さを、長方形に見立てて、およその面積を求めましょう。

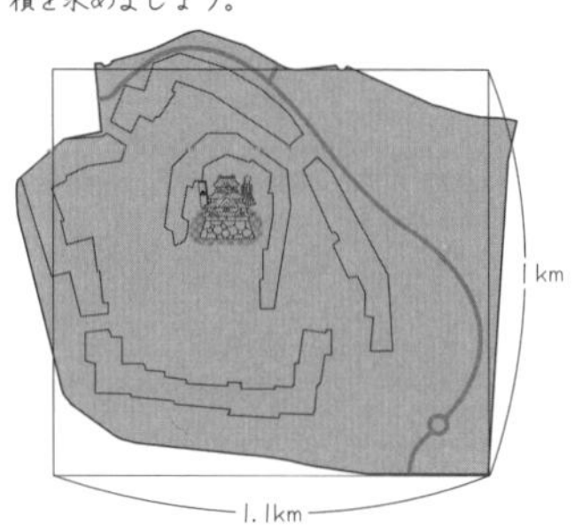

式

$1 \times 1.1 = 1.1$

答え　$1.1km^2$

2 大阪のまいしまスポーツアイランドを三角形に見立てて、およその面積を求めましょう。

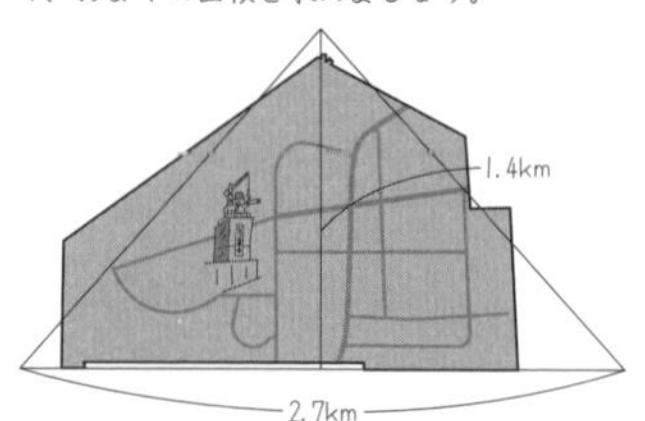

式

$2.7 \times 1.4 \div 2 = 1.89$

答え　$1.89km^2$

9 およその面積・体積 ②

学習日　月　日　名前

1 円形に近い池のおよその面積を求めましょう。
ただし、円周率は3とします。

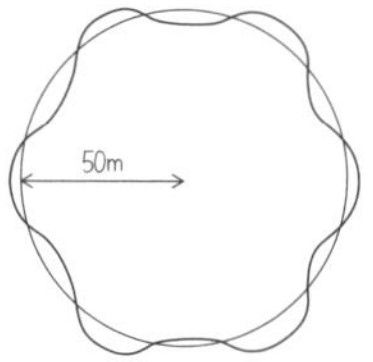

式

$50 \times 50 \times 3 = 7500$

答え　$7500m^2$

2 古ふんのおよその面積を円と台形に見立てて、求めましょう。ただし、円周率は3とします。

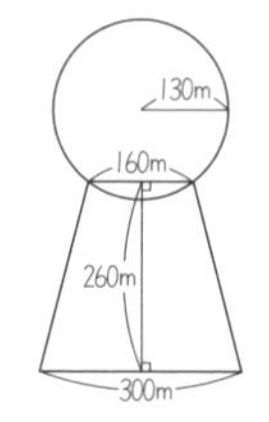

式

$130 \times 130 \times 3 = 50700$

$(160 + 300) \times 260 \div 2 = 59800$

$50700 + 59800 = 110500$

答え　$110500m^2$

9 およその面積・体積 ③

学習日　月　日　名前

1 おふろのおよその容積を求めましょう。

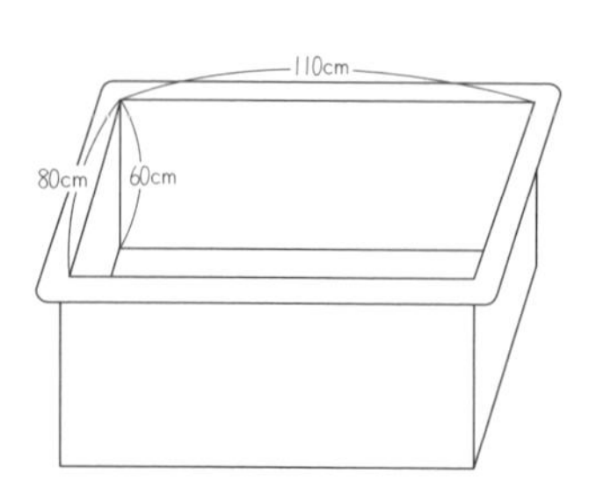

式　$80 \times 110 \times 60 = 528000$

答え　$528000cm^3$

2 タンスのおよその体積を求めましょう。

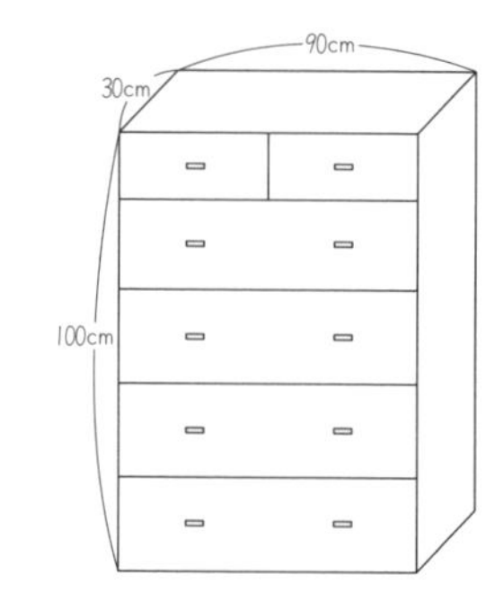

式　$30 \times 90 \times 100 = 270000$

答え　$270000cm^3$

9 およその面積・体積 ④

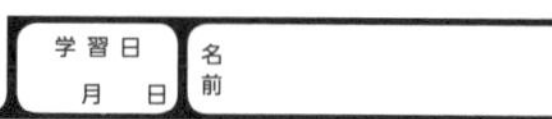

学習日　月　日　名前

1 ペットボトルのおよその体積を求めましょう。
ただし、円周率は3とします。

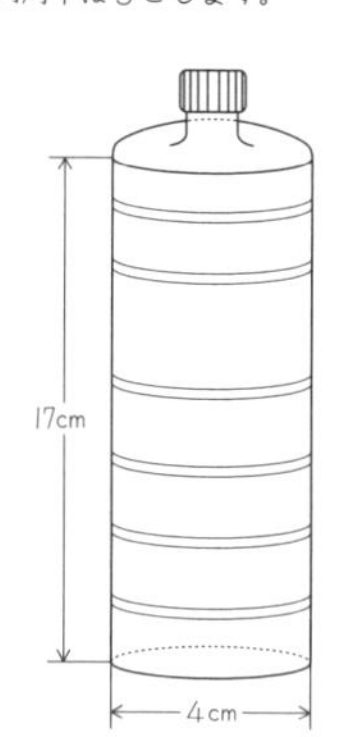

式　$2 \times 2 \times 3 = 12$

$12 \times 17 = 204$

答え　$204cm^3$

2 この部屋のおよその体積を求めましょう。

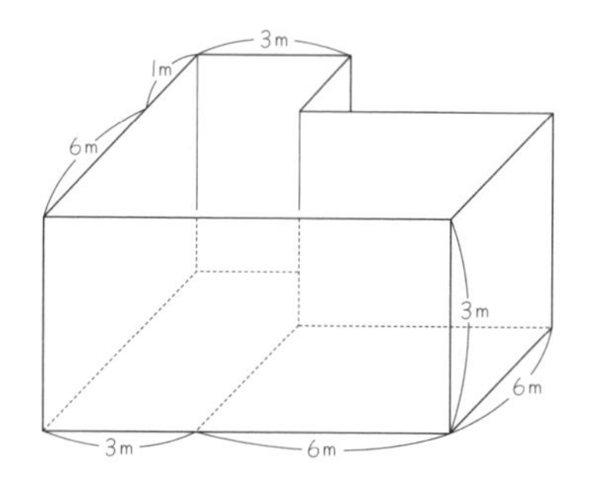

式　$7 \times 3 \times 3 = 63$

$6 \times 6 \times 3 = 108$

$63 + 108 = 171$

答え　$171m^3$

10 比例・反比例 ①

学習日 月 日 名前

色をぬろう 

ともなって変わる2つの量について、
xの値が、2倍、3倍、……になると、yの値も2倍、3倍、……になるとき、yはxに **比例する** といいます。
たとえば、1本40円のえんぴつをx本買ったときの代金をy円とすれば、yはxに比例します。

表を示すと

本数 x（本）	1	2	3	4	5
代金 y（円）	40	80	120	160	200

xの値が、1から2へと2倍になれば、yの値も40から80へと2倍になります。
xの値が1から3へと3倍になれば、yの値も40から120へと3倍になります。
つまり、yはxに比例していることがわかります。

また、yの値が2倍、3倍、……になると、xの値も2倍、3倍、……になることも確認できますので、xはyに比例することもわかります。

1 1冊150円のノートをx冊買ったときの代金をy円として表をつくりました。

冊数 x（冊）	1	2	3	4	5
代金 y（円）	150	300	450	㋐	㋑

① xの値が1から2へと2倍になったとき、yの値は、何倍になりますか。

答え 2倍になる

② xの値が1から3へと3倍になったとき、yの値は、何倍になりますか。

答え 3倍になる

③ yはxに比例しているといえますか。

答え いえる

④ 表の㋐と㋑の値を求めましょう。

答え ㋐ 600 ㋑ 750

10 比例・反比例 ②

学習日 月 日 名前

色をぬろう 

1 1mが200円の布があります。この布をxm買った代金をy円として表をつくりました。

長さ x（m）	1	2	3	…	5	6
代金 y（円）	200	400	600	…	1000	㋐

① yはxに比例しているといえますか。

答え いえる

② xの値が1から2へと1増えると、yの値はいくつ増えますか。

答え 200増える

③ xの値が2から3へと1増えると、yの値はいくつ増えますか。

答え 200増える

④ 表の㋐の値を求めましょう。

答え 1200

2 1分間に4Lの水を入れます。水を入れる時間をx分、水の量をyLとして表をつくりました。

時間 x（分）	1	2	3	…	5	6
水の量 y（L）	4	8	12	…	㋐	24

① yはxに比例しているといえますか。

答え いえる

② xの値が1から2へと1増えると、yの値はいくつ増えますか。

答え 4増える

③ xの値が2から3へと1増えると、yの値はいくつ増えますか。

答え 4増える

④ 表の㋐の値を求めましょう。

答え 20

10 比例・反比例 ③

学習日 月 日 名前

色をぬろう 

1 底辺が4cmの平行四辺形があります。平行四辺形の高さを$x$cmとして、その面積を$y$cm²として表をつくりました。

高さ x（cm）	1	2	3	4	5
面積 y（cm²）	4	8	12	16	20
$y \div x$	4	4	4	㋐	㋑

① yはxに比例しているといえますか。

答え いえる

② 表の㋐、㋑の値を求めましょう。

答え ㋐ 4 ㋑ 4

※ 上の問題で、$y \div x$ の値は、いつも決まった数になります。この決まった数4を使って、yをxの式で表すと、次のようになります。

$y = 4 \times x$

2 分速50mで歩く人が、歩いた時間をx分とし、歩いた道のりをymとして、表をつくりました。

時間 x（分）	1	2	3	4	5
道のり y（m）	50	100	150	200	250
$y \div x$	50	50	50	50	50

① yはxに比例しているといえますか。

答え いえる

② 表の $y \div x$ の値を求めましょう。この値はいつも同じ値になります。それを答えましょう。

答え 50

③ yをxの式で表しましょう。

$y = 50 \times x$

10 比例・反比例 ④

学習日 月 日 名前

色をぬろう 

1 底面積が10cm²の四角柱があり、高さを$x$cmとし、体積を$y$cm³として表をつくりました。

高さ x（cm）	1	2	3	…	5	㋑
体積 y（cm³）	10	20	30	…	㋐	60

① 表の㋐の値を求めましょう。

答え 50

② 表の㋑の値を求めましょう。

答え 6

③ yをxの式で表しましょう。

$y = 10 \times x$

④ xの値が8のとき、yの値を求めましょう。

式 $y = 10 \times 8 = 80$

答え 80（cm³）

2 高さ8cmの三角形があり、底辺の長さを$x$cmとし、面積を$y$cm²として表をつくりました。

底辺 x（cm）	1	2	3	…	5	㋑
面積 y（cm²）	4	8	12	…	㋐	24

① 表の㋐の値を求めましょう。

答え 20

② 表の㋑の値を求めましょう。

答え 6

③ yをxの式で表しましょう。

$y = 4 \times x$

④ xの値が10のとき、yの値を求めましょう。

式 $y = 4 \times 10 = 40$

答え 40（cm²）

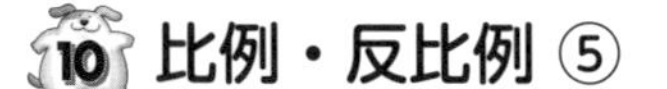

比例・反比例 ⑤

学習日　月　日　名前

1 比例する2つの量xとyの表を完成させましょう。また、yをxの式で表しましょう。

① 1個50円の消しゴムの個数と代金

個数　x（個）	1	2	3	4	5	6	7	8	9	10
代金　y（円）	50	100	150	200	250	300	350	400	450	500

$y=50\times x$

② 1mが300円の布の長さと代金

長さ　x（m）	1	2	3	4	5	6	7	8	9	10
代金　y（円）	300	600	900	1200	1500	1800	2100	2400	2700	3000

$y=300\times x$

2 比例する2つの量xとyの表を完成させましょう。また、yをxの式で表しましょう。

① 1分間に5Lの水を入れる

時間　x（分）	1	2	3	4	5	6	7	8	9	10
水の量　y（L）	5	10	15	20	25	30	35	40	45	50

$y=5\times x$

② 分速60mで歩く

時間　x（分）	1	2	3	4	5	6	7	8	9	10
道のり　y（m）	60	120	180	240	300	360	420	480	540	600

$y=60\times x$

比例・反比例 ⑥

学習日　月　日　名前

1 次のうち、比例するものに○、しないものに×をかきましょう。

① （ × ）ある人の年れいと身長

② （ ○ ）1cmが2.8gの針金の長さと重さ

③ （ ○ ）100gが350円の牛肉の重さと代金

④ （ × ）60kmの道のりを走る車の速さとかかる時間

⑤ （ × ）まわりの長さが24cmの長方形の縦と横の長さ

⑥ （ ○ ）正方形の1辺の長さとまわりの長さ

2 次のうち、比例するものに○、しないものに×をかきましょう。

① （ × ）星までのきょりとその明るさ

② （ ○ ）たこの数と足の本数

③ （ × ）1日の昼の時間と夜の時間

④ （ ○ ）時速60kmで走る車の走った時間と道のり

⑤ （ ○ ）底辺の長さが8cmの平行四辺形の高さと面積

⑥ （ × ）父親の年れいと子どもの年れい

比例・反比例 ⑦

学習日　月　日　名前

1 分速50mで歩く人の、歩いた時間と、道のりは比例します。歩いた時間をx分、道のりをymとして、表を完成させて、yをxの式で表しましょう。

時間　x（分）	0	1	2	3	4	5	6	7	8	9
道のり　y（m）	0	50	100	150	200	250	300	350	400	450

$y=50\times x$

〈グラフのかき方〉

1、縦軸、横軸をかく。

2、縦軸と横軸の交わった点を0として、縦軸に道のりを、横軸に時間の目もりをとる。

3、対応する点をとって、線でむすぶ。
（※ 比例する2つの量の関係を表すグラフは点0を通る直線になります。）

2 **1**でつくった表をグラフに表しましょう。

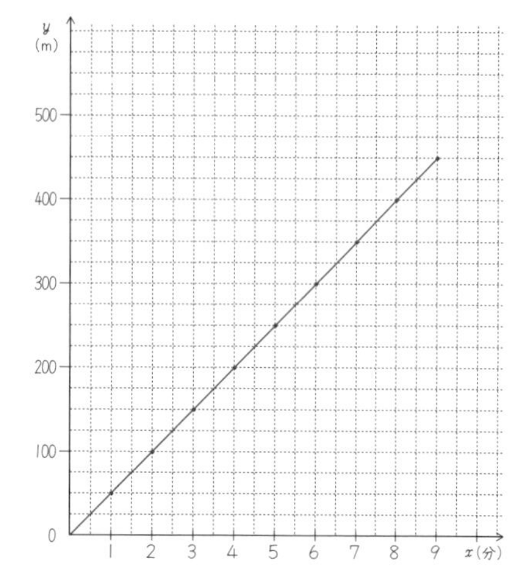

比例・反比例 ⑧

学習日　月　日　名前

1 水そうに水を入れます。1分間に2cmずつ水の深さが増えるようにします。入れる時間をx分、水の深さを$y$cmとして表を完成させましょう。
また、yをxの式で表しましょう。

時間　x（分）	0	1	2	3	4	5	6	7	8	9
深さ　y（cm）	0	2	4	6	8	10	12	14	16	18

$y=2\times x$

2 **1**の表をグラフに表しましょう。

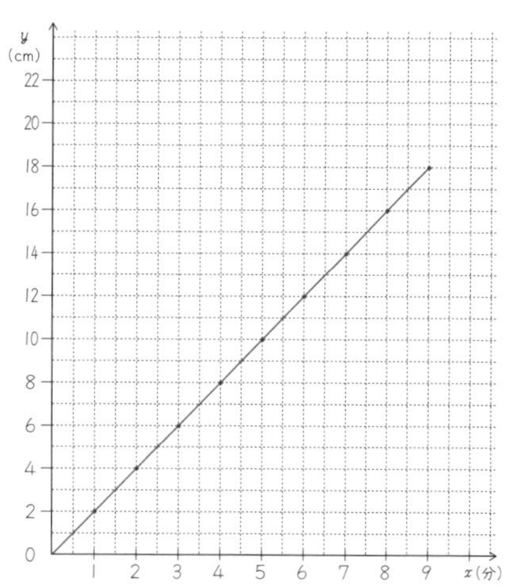

※ 結果的にxが9、yが18の点と0の点を直線で結んだことになります。

10 比例・反比例 ⑨

学習日 月 日　名前　色をぬろう　わからない　だいたいできた　できた!

1 針金の長さ x m、重さ y g の関係を表にしました。

x (m)	0	1	2	3	4	5	6	7	⑧
y (g)	0	5	10	15	20	25	30	35	㊵

① ○でかこんだ点と0を直線で結びましょう。

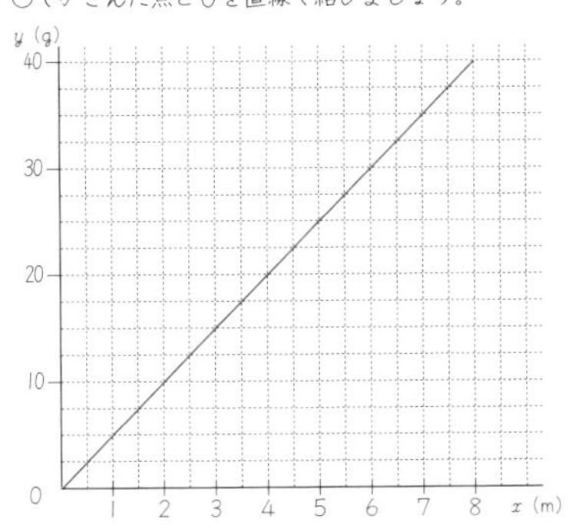

② y を x の式で表しましょう。

$y=5\times x$

2 歩いた時間 x 分と道のり y m の関係を表にしました。

x (分)	0	1	2	3	4	5	6	7	⑧
y (m)	0	50	100	150	200	250	300	350	400 (○)

① ○でかこんだ点と0を直線で結びましょう。

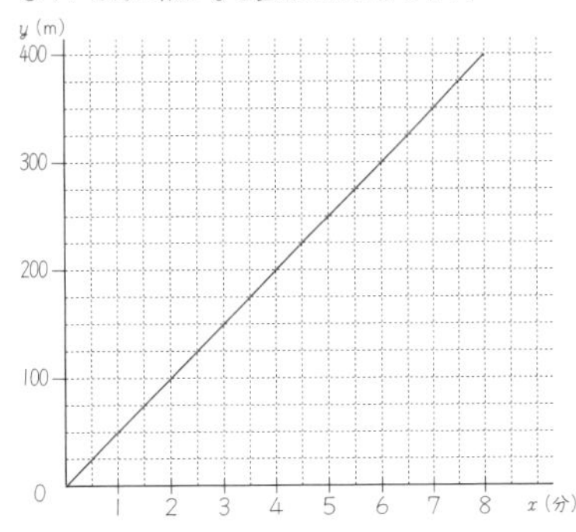

② y を x の式で表しましょう。

$y=50\times x$

10 比例・反比例 ⑩

学習日 月 日　名前　色をぬろう　わからない　だいたいできた　できた!

1 次のグラフは、フェリーが、同じ速さで進むときの時間 x 時間と道のり y km を表したものです。

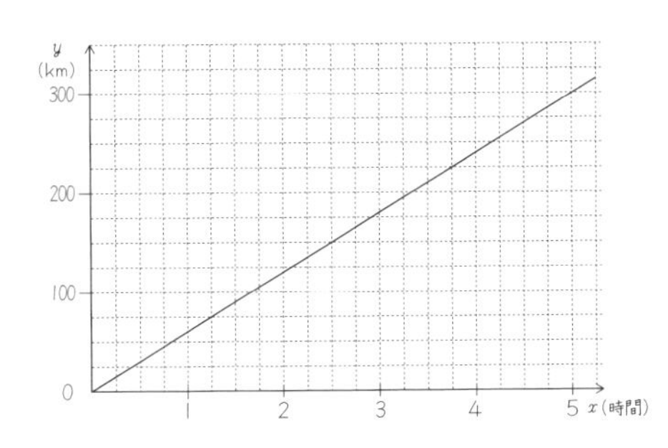

① 出発してから2時間30分で何km進みますか。

答え　150km

② 300km進むには何時間かかりますか。

答え　5時間

2 分速50mと分速40mの人が同時に出発しました。

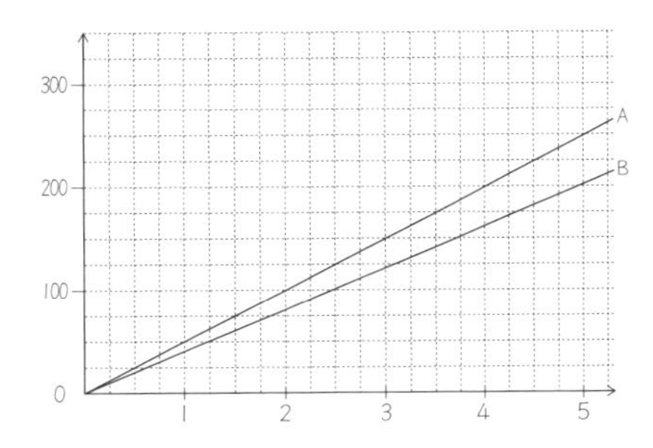

① 分速50mで歩く人のグラフは、A、Bのどちらですか。

答え　A

② 分速50mの人が200mを通過してから何分後に分速40mの人が通過しますか。

答え　1分後

10 比例・反比例 ⑪

学習日 月 日　名前　色をぬろう　わからない　だいたいできた　できた!

比例の問題を解くとき、単位あたり量について求めることが多くあります。

1 4時間で32m²のかべにペンキをぬる人がいます。この速さで48m²のかべをぬるのにかかる時間は何時間ですか。

x (時間)	4	?
y (m²)	32	48

1時間でぬれる面積は

式　32÷4=8
　　48÷8=6

答え　6時間

2 15Lのガソリンで120km走る車は、75Lのガソリンでは何km走りますか。

x (L)	15	75
y (km)	120	?

1Lのガソリンで走れるきょりは

式　120÷15=8
　　8×75=600

答え　600km

3 35cmの針金が105gのとき、この針金30cmの重さは何gですか。

x (cm)	30	35
y (g)	?	105

式　105÷35=3
　　3×30=90

答え　90g

4 900円でロープが75m買えます。600円では、何m買えますか。

x (m)	?	75
y (円)	600	900

式　900÷75=12
　　600÷12=50

答え　50m

10 比例・反比例 ⑫

学習日 月 日　名前　色をぬろう　わからない　だいたいできた　できた!

比例の性質として、一方が2倍、3倍になると、他方も2倍、3倍になります。この性質を使って問題を解くこともあります。

1 7mの重さが80gの針金があります。この針金21mの重さは何gですか。

x (m)	7	21
y (g)	80	?

21mは7mの3倍

式　80×3=240

答え　240g

2 25本のくぎの重さは67.5gでした。100本のくぎは何gですか。

x (本)	25	100
y (g)	67.5	?

100本は25本の4倍

式　67.5×4=270

答え　270g

3 265kmを3時間で走る車があります。9時間走ると何km進みますか。

x (時間)	3	9
y (km)	265	?

式　9時間は3時間の3倍
　　265×3=795

答え　795km

4 7aの畑から小麦が400kgとれました。同じようにとれるとして、42aの畑から何kgの小麦がとれますか。

x (a)	7	42
y (kg)	400	?

式　42aは7aの6倍
　　400×6=2400

答え　2400kg

10 比例・反比例 ⑬

学習日　月　日　名前

ともなって変わる2つの量について、xの値が、2倍、3倍、……になると、yの値は$\frac{1}{2}$、$\frac{1}{3}$、……になるとき、yはxに **反比例する** といいます。

比例とは、ちがいますね。

たとえば、面積が12cmの長方形の縦の長さを$x$cm、横の長さを$y$cmとすれば、yはxに反比例します。

表を示すと

縦　x (cm)	1	2	3	4	5	6
横　y (cm)	12	6	4	3	2.4	2

xの値が1から2へと2倍になれば、yの値は、12から6へと$\frac{1}{2}$になります。

xの値が1から3へと3倍になれば、yの値は12から4と$\frac{1}{3}$になります。

つまり、yはxに反比例していることがわかります。

また、yの値が2倍、3倍、……になるとき、xの値は$\frac{1}{2}$、$\frac{1}{3}$、……になることも確認できますので、xはyに反比例していることもわかります。

1 6kmの道のりを、時速$x$kmで歩いたときのかかる時間をy時間として表をつくりました。

時速　x (km)	1	2	3	4	5	6
時間　y (時間)	6	3	2	1.5	㋐	㋑

① xの値が1から2へと2倍になったとき、yの値は何倍になりますか。

答え　$\frac{1}{2}$倍

② xの値が1から3へと3倍になったとき、yの値は何倍になりますか。

答え　$\frac{1}{3}$倍

③ yはxに反比例しているといえますか。

答え　いえる

④ 表の㋐と㋑の値を求めましょう。

答え　㋐ 1.2　㋑ 1

10 比例・反比例 ⑭

学習日　月　日　名前

1 面積が18cm²の長方形の、縦の長さ$x$cm、横の長さ$y$cmとして表をつくりました。

縦　x (cm)	1	2	3	4	5	6
横　y (cm)	18	9	6	4.5	3.6	3
$y \times x$	18	18	18	18	㋐	㋑

① yはxに反比例しているといえますか。

答え　いえる

② 表の㋐、㋑の値を求めましょう。

答え　㋐ 18　㋑ 18

※ 上の問題で、$y \times x$ の値は、いつも決まった数になります。この決まった数18を使って、yをxの式で表すと、次のようになります。

$y = 18 \div x$

2 12cmのリボンをx本に等分し、そのときの長さを$y$cmとして表をつくりました。

本数　x (本)	1	2	3	4	5	6
長さ　y (cm)	12	6	4	3	2.4	2
$y \times x$	12	12	12	12	12	12

① yはxに反比例しているといえますか。

答え　いえる

② 表の $y \times x$ の値を求めましょう。この値はいつも同じ値になります。それを答えましょう。

答え　12

③ yをxの式で表しましょう。

$y = 12 \div x$

10 比例・反比例 ⑮

学習日　月　日　名前

色をぬろう　わからない　だいたいできた　できた!

1 右の三角形の面積は、6cm²です。
面積6cm²の三角形の底辺の長さを$x$cm、高さを$y$cmとして、表を完成させましょう。
また、yをxの式で表しましょう。

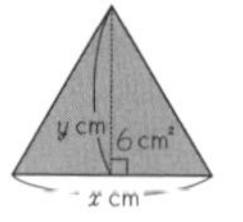

底辺　x (cm)	1	2	3	4	5	6	8	10	12
高さ　y (cm)	12	6	4	3	2.4	2	1.5	1.2	1

$y = 12 \div x$

〈反比例のグラフの注意点〉

対応する点をとって、なめらかな曲線でむすびます。

2 **1**でつくった表をグラフに表しましょう。

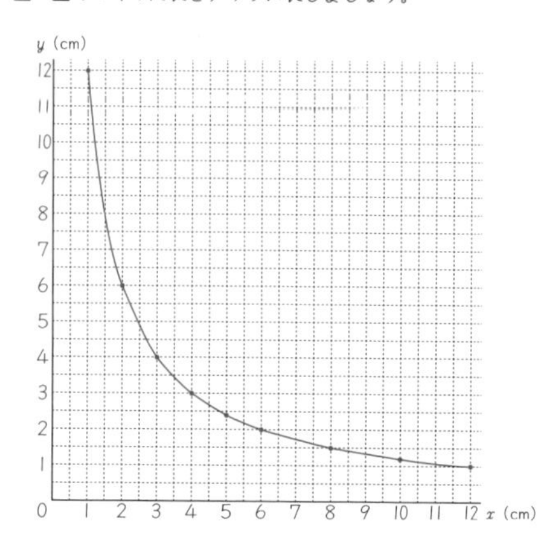

10 比例・反比例 ⑯

学習日　月　日　名前

1 面積が18cm²の長方形があります。この長方形の縦の長さを$x$cm、横の長さを$y$cmとして表を完成させましょう。
また、yをxの式で表しましょう。

縦　x (cm)	1	2	3	4	5	6	8	9	10	18
横　y (cm)	18	9	6	4.5	3.6	3	2.25	2	1.8	1

$y = 18 \div x$

2 **1**でつくった表をグラフに表しましょう。

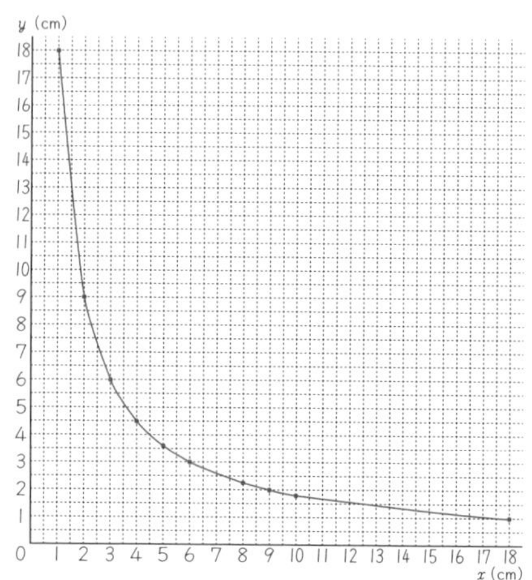

10 比例・反比例 ⑰

学習日　月　日　名前

色をぬろう 

反比例の性質として $x \times y$ ＝決まった数 があります。
この関係を利用して解いていきます。

1 時速5kmで進むと6時間かかるところがあります。
同じところを時速10kmで進むと何時間かかりますか。

時速 x km	5	10
y 時間	6	?

速さ×時間＝道のり

式　5×6＝30
　　30÷10＝3

答え　3時間

2 1分間に8Lずつ水を入れると6分間かかる水そうがあります。この水そうに1分間に12L入れると何分かかりますか。

x (L)	8	12
y (分)	6	?

水そうの大きさは

式　8×6＝48（L）
　　48÷12＝4

答え　4分間

3 まんじゅうをつくる人は、どの人も同じ速さです。
2人でつくると30分かかります。6人でしたら何分かかりますか。

x (人)	2	6
y (分)	30	?

式　30×2＝60
　　60÷6＝10

答え　10分間

4 時速40kmで進むと3時間かかります。同じ道を2時間で行くには、時速何kmで行けばいいですか。

時速 x km	40	?
y 時間	3	2

式　40×3＝120
　　120÷2＝60

答え　時速60km

89

10 比例・反比例 ⑱ まとめ

学習日　月　日　名前

点　合格 80〜100点

1 次の2つの数量が、比例するものには○、反比例するものには△、どちらでもないものは×をかきましょう。（1つ6点）

① （ ○ ）底辺の長さ6cmの三角形の高さと面積

② （ △ ）面積が24cm² の長方形の縦と横の長さ

③ （ × ）1mのリボンから切りとった長さと残りの長さ

④ （ ○ ）時速30kmで進むときのかかる時間と進んだ道のり

⑤ （ × ）1000円持っているとき、使った金額と残っている金額

⑥ （ △ ）200m走るときの秒速とかかる時間

2 x と y の関係が、比例するものに○、反比例するものに△をかきましょう。（1つ6点）

① $x \times y = 4$ （ △ ）　② $y \div x = 3$ （ ○ ）

③ $y = 2 \times x$ （ ○ ）　④ $y = 8 \div x$ （ △ ）

3 気温は、地上から1km上がるごとに6度下がります。地上の温度が27度のとき、地上から4kmの上空の気温は何度ですか。（式10点、答え10点）

式　6×4＝24
　　27－24＝3

答え　3度

4 時速54kmで5時間かかる道を、時速60kmで走ると、何時間かかりますか。（式10点、答え10点）

式　54×5＝270
　　270÷60＝4.5

答え　4.5時間

90

11 場合の数 ①

学習日　月　日　名前

色をぬろう 

いろいろな場面で、場合の数を調べるときには、
数え落ちや重複がないように調べます。

1 遊園地に行きました。いろいろな乗り物からジェットコースター、観覧車、ゴーカートの3つを選びました。
乗る順番は何通りありますか。
（ジェットコースター…A、観覧車…B、ゴーカート…C）

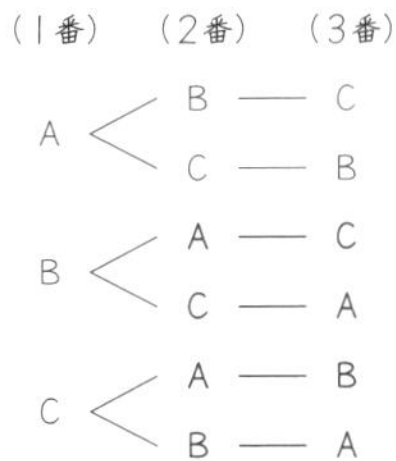

答え　6通り

※　数え落ちや重複をさけるための木の枝のような上の図を 樹形図 といいます。

2 遊園地の乗り物から、ジェットコースター、観覧車、ゴーカート、メリーゴーランドの4つを選びました。
乗る順番は何通りありますか。
（ジェットコースター…A、観覧車…B、ゴーカート…C、メリーゴーランド…D）

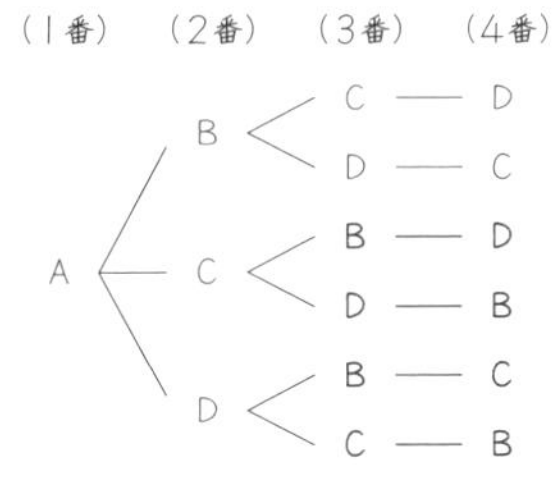

Aを1番目に乗る乗り方は6通りあります。
B、C、Dを1番目に乗る乗り方も同じ数があるので

6×4＝24

答え　24通り

91

11 場合の数 ②

学習日　月　日　名前

色をぬろう 

1 右の3枚のカードをならべて、3けたの整数をつくります。全部で何通りありますか。

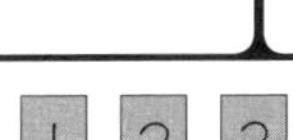

（百の位）（十の位）（一の位）

1 ＜ 2 － 3 ／ 3 － 2
2 ＜ 1 － 3 ／ 3 － 1
3 ＜ 1 － 2 ／ 2 － 1

答え　6通り

2 右の4枚のカードをならべて、4けたの整数をつくります。全部で何通りありますか。

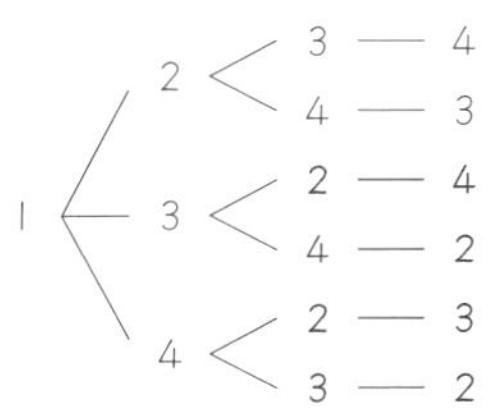

千の位が1となるのは 6 通りです。
千の位が2、3、4となる場合も同じ数ずつあるので

6×4＝24

答え　24通り

92

11 場合の数 ③

学習日　月　日　名前

1 右の4枚のカードから、2枚選んで2けたの整数をつくります。全部で何通りありますか。

(十の位)　(一の位)

2 ＜ 3, 4, 5
3 ＜ 2, 4, 5
4 ＜ 2, 3, 5
5 ＜ 2, 3, 4

答え　12通り

2 コインを続けて2回投げます。このとき、表と裏の出方は何通りありますか。

(1回目)　(2回目)

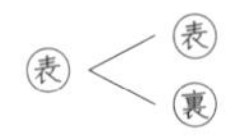

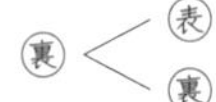

答え　4通り

3 コインを続けて3回投げます。このとき、表と裏の出方は何通りありますか。

2の2回目のあとに、表、裏の枝が2つつくので

$4 \times 2 = 8$

答え　8通り

11 場合の数 ④

学習日　月　日　名前

色をぬろう　わからない　だいたいできた　できた!

1 A、B、C、Dの4チームで試合をします。どのチームも、ちがったチームと1回ずつ試合をします。全部で何試合になりますか。

	A	B	C	D
A	＼	○	○	○
B		＼	○	○
C			＼	○
D				＼

答え　6試合

2 いちご、もも、なし、みかんの4つの中から2種類選びます。どんな組み合わせができて、合計何通りになりますか。

いちご	もも	なし	みかん
○	○		
○		○	
○			○
	○	○	
	○		○
		○	○

組み合わせは

いちご　もも,　いちご　なし

いちご　みかん,　もも　なし

もも　みかん,　なし　みかん

答え　6通り

11 場合の数 ⑤

学習日　月　日　名前

1 赤、青、黄、白、緑の5色から2色選びます。どんな組み合わせができますか。また合計何通りありますか。

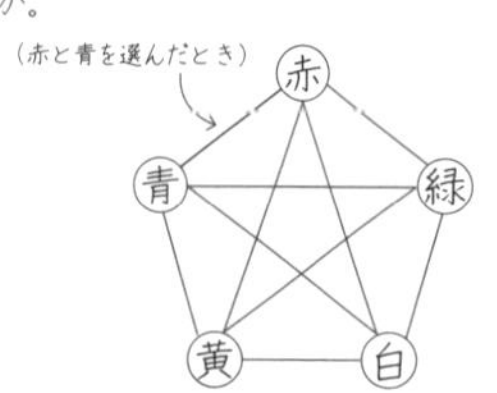

組み合わせは

赤　青,　赤　黄

赤　白,　赤　緑

青　黄,　青　白

青　緑,　黄　白

黄　緑,　白　緑

答え　10通り

2 10円、50円、100円、500円の4つの種類のお金から、2種類選んでできる金額をかきましょう。また、合計何通りになりますか。

10円	50円	100円	500円	できる金額
○	○			60円
○		○		110円
○			○	510円
	○	○		150円
	○		○	550円
		○	○	600円

答え　6通り

11 場合の数 ⑥

学習日　月　日　名前

色をぬろう　わからない　だいたいできた　できた!

1 赤、青、黄の3色から2色を選んで、右のもようをぬることを考えます。

① 赤と青を選んだときは何通りですか。

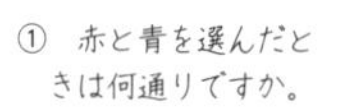

答え　2通り

赤／青　青／赤

② 赤と黄を選んだときは何通りですか。

答え　2通り

赤／黄　黄／赤

③ 青と黄を選んだときは何通りですか。

答え　2通り

④ 3色から2色選んで、上のもようをぬり分ける方法は全部で何通りですか。

答え　6通り

2 → から → への通り方を線でかきましょう。後もどりはできません。

①

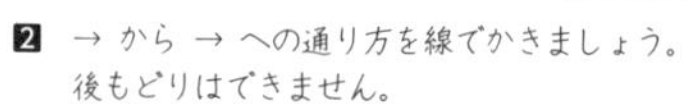
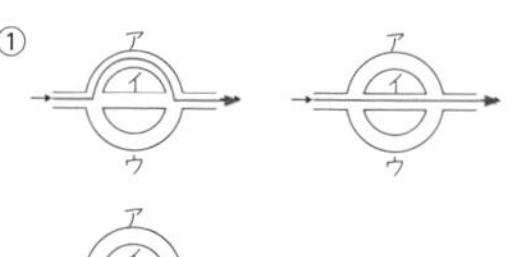
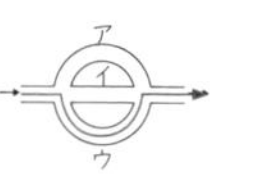

②

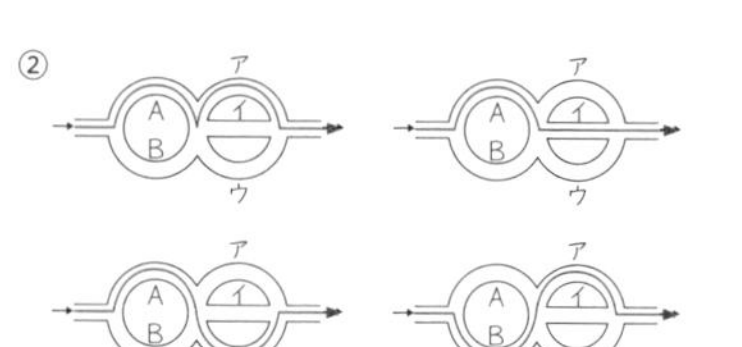
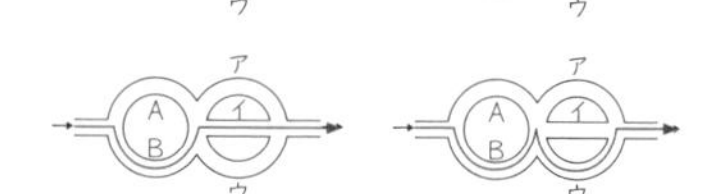

12 資料の整理 ①

学習日　月　日　名前

色をぬろう　わからない　だいたいできた　できた!

1 次の表は、1組、2組、3組のソフトボール投げの記録です。

ソフトボール投げの記録（m）

組								
1組 15人	32	39	33	43	28	37	34	37
	40	38	29	34	30	34	31	
2組 16人	27	37	37	29	37	38	32	40
	23	30	28	42	24	36	26	34
3組 14人	29	31	33	40	37	35	36	33
	37	38	39	38	33	31		

① 1組で、一番遠くまで投げた人の記録は何mですか。

答え　43m

② 1組の平均は何mですか。

式　32＋39＋33＋43＋28＋37＋34＋37
＋40＋38＋29＋34＋30＋34＋31＝519
519÷15＝34.6

答え　34.6m

2 **1**の表を見て答えましょう。

① 2組で、一番遠くまで投げた人の記録は何mですか。

答え　42m

② 3組で、一番遠くまで投げた人の記録は何mですか。

答え　40m

③ 2組の平均は何mですか。

式 27＋37＋37＋29＋37＋38＋32＋40
＋23＋30＋28＋42＋24＋36＋26＋34＝520
520÷16＝32.5

答え　32.5m

④ 3組の平均は何mですか。

式 29＋31＋33＋40＋37＋35＋36＋33
＋37＋38＋39＋38＋33＋31＝490
490÷14＝35

答え　35m

⑤ 平均でくらべると、記録がよいのはどの組ですか。

答え　3組

12 資料の整理 ②

学習日　月　日　名前

色をぬろう　わからない　だいたいできた　できた!

1 次の表は、1組、2組、3組のソフトボール投げの記録です。

ソフトボール投げの記録（m）

組								
1組 15人	32	39	33	43	28	37	34	37
	40	38	29	34	30	34	31	
2組 16人	27	37	37	29	37	38	32	40
	23	30	28	42	24	36	26	34
3組 14人	29	31	33	40	37	35	36	33
	37	38	39	38	33	31		

① 1組の記録を数直線に○でかきましょう。

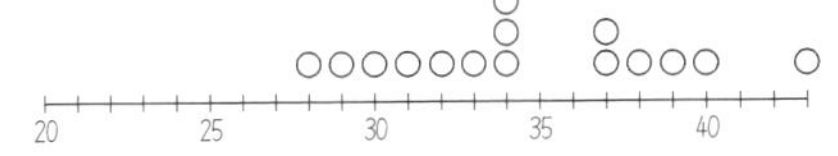

② データの中で、最も多く出てくる値を最ひん値といいます。1組の最ひん値をかきましょう。

答え　34m

2 **1**の表を見て答えましょう。

① 2組の記録を数直線に○でかきましょう。

20　25　30　35　40

② 2組の最ひん値をかきましょう。

答え　37m

③ 3組の記録を数直線に○でかきましょう。

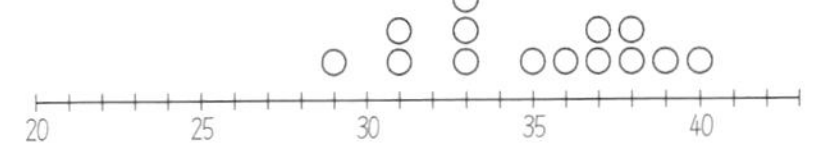

④ 3組の最ひん値をかきましょう。

答え　33m

⑤ 最ひん値でくらべると、記録がよいのはどの組ですか。

答え　2組

12 資料の整理 ③

学習日　月　日　名前

色をぬろう　わからない　だいたいできた　できた!

1 次の表は、1組、2組、3組のソフトボール投げの記録です。

ソフトボール投げの記録（m）

組								
1組 15人	32	39	33	43	28	37	34	37
	40	38	29	34	30	34	31	
2組 16人	27	37	37	29	37	38	32	40
	23	30	28	42	24	36	26	34
3組 14人	29	31	33	40	37	35	36	33
	37	38	39	38	33	31		

1組の記録を右の表に整理しましょう。それぞれの階級に入った個数を度数といいます。

階級	正の字	数
20m（以上）～25m（未満）		0
25m～30m	丅	2
30m～35m	正丅	7
35m～40m	止	4
40m～45m	丅	2

2 **1**の表を見て答えましょう。

① 2組の記録を表に整理しましょう。

階級	正の字	数
20m（以上）～25m（未満）	丅	2
25m～30m	止	4
30m～35m	下	3
35m～40m	正	5
40m～45m	丅	2

② 3組の記録を表に整理しましょう。

階級	正の字	数
20m（以上）～25m（未満）		0
25m～30m	一	1
30m～35m	正	5
35m～40m	正丅	7
40m～45m	一	1

12 資料の整理 ④

学習日　月　日　名前

色をぬろう　わからない　だいたいできた　できた!

1 前ページのデータは、次のようになります。
それぞれの階級の数を **度数** といいます。

階級	1組	2組	3組
20m（以上）～25m（未満）	0	2	0
25m～30m	2	4	1
30m～35m	7	3	5
35m～40m	4	5	7
40m～45m	2	2	1

1組の柱状グラフをかきましょう。

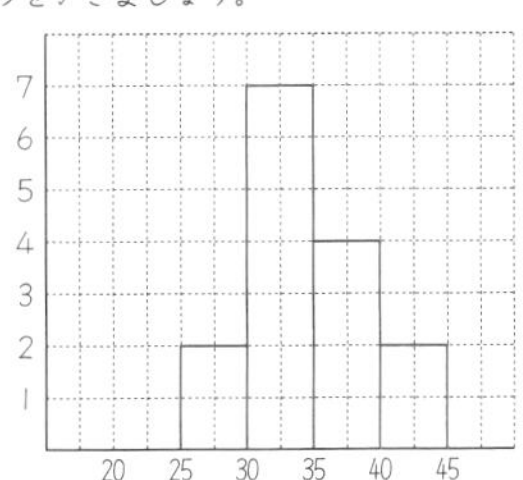

2 **1**の表を見て答えましょう。

① 2組の柱状グラフをかきましょう。

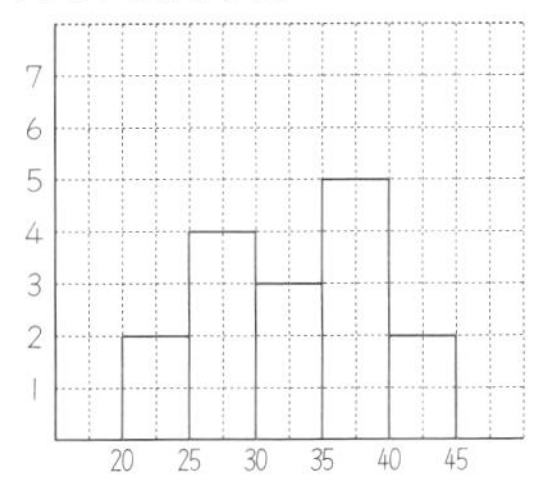

② 3組の柱状グラフをかきましょう。

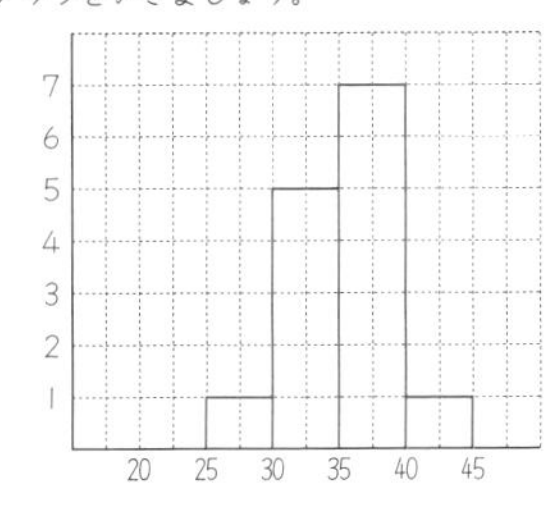

12 資料の整理 ⑤

学習日 月 日 名前

1 次の表は、1組、2組、3組のソフトボール投げの記録です。

ソフトボール投げの記録(m)

1組 15人	32	39	33	43	28	37	34	37
	40	38	29	34	30	34	31	
2組 16人	27	37	37	29	37	38	32	40
	23	30	28	42	24	36	26	34
3組 14人	29	31	33	40	37	35	36	33
	37	38	39	38	33	31		

① 1組のデータを小さい順にならべましょう。

28, 29, 30, 31, 32, 33, 34, 34,

34, 37, 37, 38, 39, 40, 43

② ちょうどまん中にある値を中央値といいます。中央値を求めましょう。

答え 34m

2 **1**の表を見て答えましょう。

① 2組のデータを小さい順にならべましょう。

23, 24, 26, 27, 28, 29, 30, 32,

34, 36, 37, 37, 37, 38, 40, 42

② 2組の中央値を求めましょう。資料が偶数のときは、中央にならぶ2つの値の平均を求めます。

$(32+34)\div2=33$

答え 33m

③ 3組のデータを小さい順にならべましょう。

29, 31, 31, 33, 33, 33, 35,

36, 37, 37, 38, 38, 39, 40

④ 3組の中央値を求めましょう。

$(35+36)\div2=35.5$

答え 35.5m

12 資料の整理 ⑥

学習日 月 日 名前

色をぬろう わからない だいたいできた できた!

データの特ちょうを調べたり、伝えたりするとき、1つの値で代表させて比べることがよくあります。このような値を **代表値** といいます。

代表値には、**平均値**、**最ひん値**、**中央値** などがあります。

平均値 ………平均値＝$\dfrac{資料の数の合計}{資料の個数}$

最ひん値 ……資料の中で最も多く表れる値

中央値 ………資料を小さい順にならべたとき中央にくる値
(資料数が偶数個のときは、中央の2個の値の平均)

1 資料の整理①(P.97)～資料の整理⑤(P.101)の内容を見てまとめましょう。

	1組	2組	3組
一番遠くまで投げた人の記録	43m	42m	40m
平均値	34.6m	32.5m	35m
最ひん値	34m	37m	33m
中央値	34m	33m	35.5m
35m以上の割合	$\frac{6}{15}$ 40%	$\frac{7}{16}$ 44%	$\frac{8}{14}$ 57%
柱状グラフで度数の多い階級	30m以上 35m未満	35m以上 40m未満	35m以上 40m未満

12 資料の整理 ⑦

学習日 月 日 名前

色をぬろう わからない だいたいできた できた!

1 次の表は6年生の体重で、小数点以下を四捨五入したものです。

6年生の体重21名(kg)

31	29	30	34	28	33	39
33	34	32	36	30	34	35
38	31	32	35	36	34	33

① 平均体重を求めましょう。小数第2位を四捨五入して小数第1位まで求めましょう。

式 $31+29+30+34+28+33+39+33+34$
$+32+36+30+34+35+38+31+32$
$+35+36+34+33=697$
$697\div21=33.2$

答え 33.2kg

② 最ひん値を求めましょう。

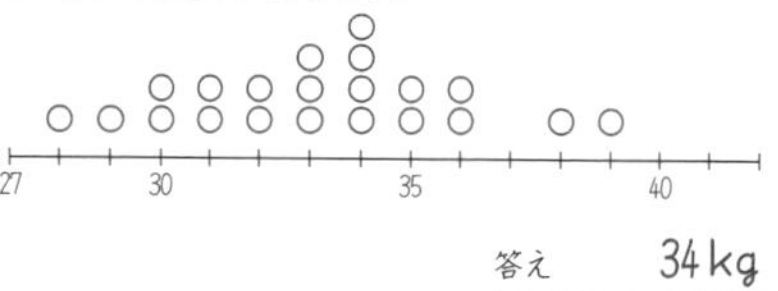

答え 34kg

2 **1**の表を見て答えましょう。

① 次の階級に整理しましょう。

階級	正の字	数
28kg以上～30kg未満	丅	2
30kg～32kg	下	4
32kg～34kg	正	5
34kg～36kg	正一	6
36kg～38kg	丅	2
38kg～40kg	丅	2

② 柱状グラフをかきましょう。

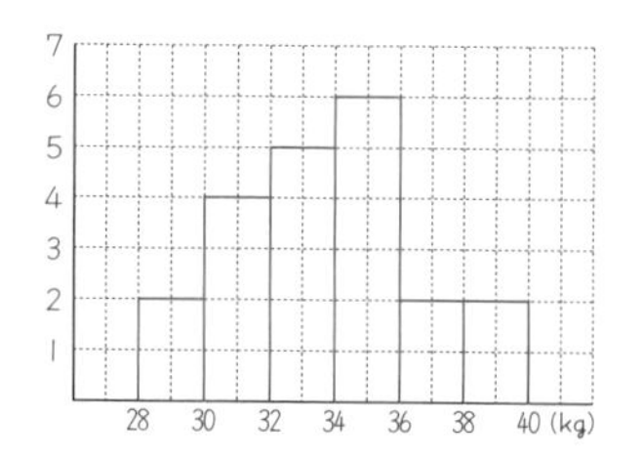

12 資料の整理 ⑧

学習日 月 日 名前

色をぬろう わからない だいたいできた できた!

1 次の柱状グラフは、1組全員の50m走の記録です。

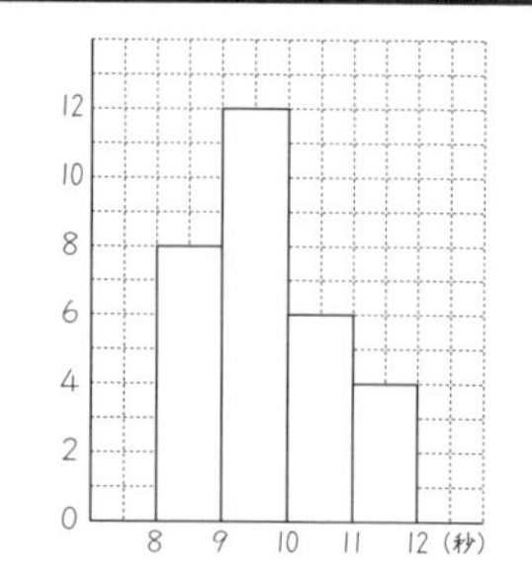

① 人数が一番多いのは、何秒以上、何秒未満のところですか。

答え 9秒以上10秒未満

② 1組は全部で何人ですか。

答え 30人

③ さとる君は9.2秒でした。速い方から数えて何番目から何番目の間にいますか。

答え 9番目から20番目

2 次の数は、6年生8人の身長の数値(cm)です。

150、143、152、148
144、146、148、149

① 平均値を求めましょう。

式 $150+143+152+148+144+146$
$+148+149=1180$
$1180\div8=147.5$

答え 147.5cm

② 中央値を求めましょう。

143 144 146 148 148 149 150 152

答え 148cm

③ 最ひん値を求めましょう。

答え 148cm

13 特別ゼミ 規則性の発見 ①

学習日 月 日 名前

1 図のように、整数をA、B、Cの3つのグループに分けます。

A	1	4	7	10
B	2	5	8	11
C	3	6	9	12

① それぞれのグループの数を3でわったときのあまりをかきましょう。

A (1)
B (2)
C (0)

② 次の整数はA、B、Cのどこに分けられますか。

74 (B)
81 (C)
88 (A)

3の倍数の見つけ方 各位の数の和が3の倍数になるときは3の倍数。

たとえば、整数123は、1＋2＋3＝6 となり3の倍数となります。

2 **1**のようなA、B、Cの3つのグループに分けましょう。

① 345 (C)
② 413 (B)
③ 286 (A)
④ 509 (B)
⑤ 661 (A)
⑥ 780 (C)

13 特別ゼミ 規則性の発見 ②

学習日 月 日 名前

1 カレンダーを見て答えましょう。

日	月	火	水	木	金	土
1	2	3	4	5	6	7
8	9	10	11	12	13	14
15	16	17	18	19	20	21
22	23	24	25	26	27	28
29	30	31				

① 木曜日の列の数を、7でわるとあまりはいくつになりますか。

答え 5

② 7でわるとあまりが3になるのは、何曜日の列ですか。

答え 火曜日

③ 60日目は何曜日ですか。

式 60÷7＝8あまり4

答え 水曜日

2 1月1日が日曜日ならば、その年の5月3日は何曜日であるか調べます。
ただし、1月は31日間、2月は28日間、3月は31日間、4月は30日間とします。

① 5月3日は1月1日から何日間ですか。

式 31＋28＋31＋30＋3＝123

答え 123日間

② 5月3日は何曜日ですか。

式 123÷7＝17あまり4

答え 水曜日

③ 1月1日から365日目は何曜日ですか。

式 365÷7＝52あまり1

答え 日曜日

④ 1月1日から1000日目は何曜日ですか。

式 1000÷7＝142あまり6

答え 金曜日

13 特別ゼミ 面 積

学習日 月 日 名前

1 次の▢部分の面積を求めましょう。

①

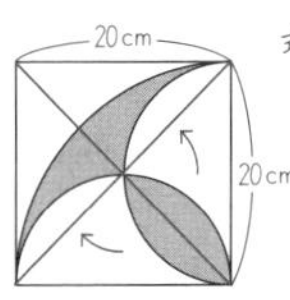

式 20×40＝800

答え 800cm²

②

式 20×20×3.14÷4
＝314
20×20÷2＝200
314－200＝114

答え 114cm²

2 次の▢部分の面積を求めましょう。

①

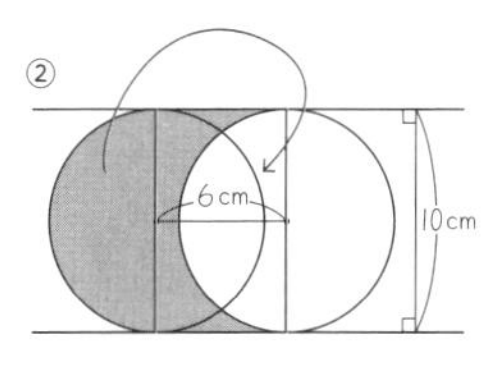

式 10×10×3.14÷2＝157
2×2×3.14÷2＝6.28
157－6.28＝150.72

答え 150.72cm²

②

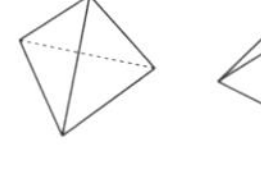

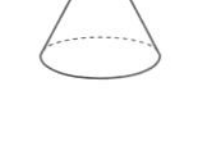

式 10×6＝60

答え 60cm²

13 特別ゼミ すい体

学習日 月 日 名前

1 次の立体を上から見た図と、横から見た図がかいてあります。どの立体ですか。記号で答えましょう。

㋐ 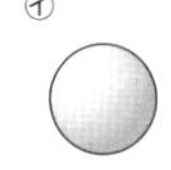
㋑ 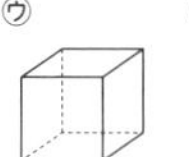
㋒ 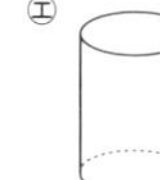
㋓ 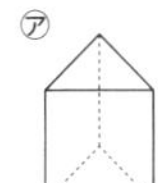

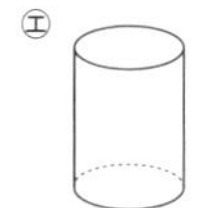

①

(㋓)

②

(㋐)

③

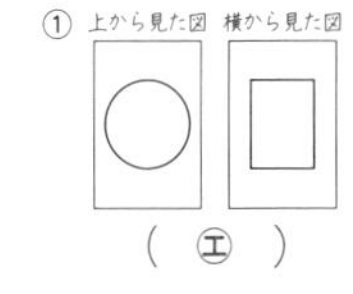

(㋒)

④

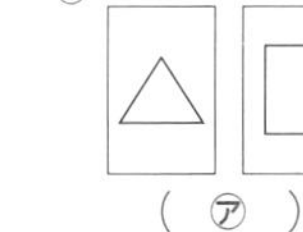

(㋑)

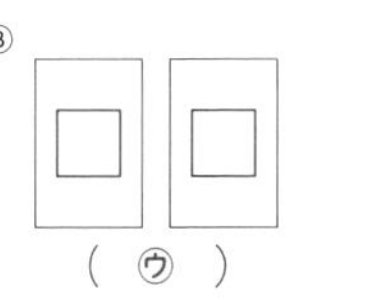

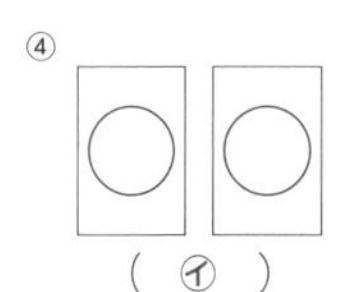

図のような先のとがった形を **すい** といいます。
底面の形によって、三角すい、四角すい、円すいなどがあります。
三角すいは、底面積が同じで、高さが等しい三角柱の体積の $\frac{1}{3}$ になります。

四角すいも同じで、高さが等しい四角柱の $\frac{1}{3}$ の体積になります。
右の図は、立方体を3つに切って、同じ四角すいが3個できていますね。

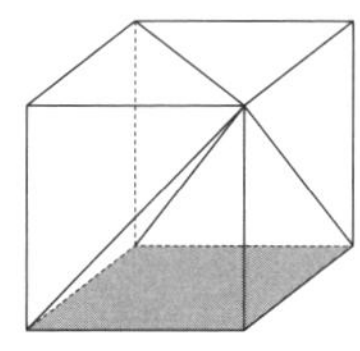

13 特別ゼミ 正の数・負の数 ①

学習日　月　日　名前

色をぬろう 

中学生になると、0より小さい数を学びます。

たとえば、温度計などで、氷のはるような寒い温度のとき、**－5℃（マイナス5℃）**といったりします。

温度は、0℃を基準にしています。

0℃より5度低い温度を－5℃といいます。

逆に、0℃より7度高い温度を**＋7℃（プラス7℃）**といいます。＋7℃は今まで使っていた7℃と同じです。

今まで、たし算やひき算の記号として使ってきた、＋（プラス）や－（マイナス）を反対の数量を表す記号として使っていきます。

1 プラス・マイナスをつけて答えましょう。

① 0℃より10度低い温度。　（ －10℃ ）

② 0℃より20度高い温度。　（ ＋20℃ ）

海面を基準にして、高さ3776mの富士山の頂上を＋3776mと表すと、伊豆・小笠原海溝の海面下9810mの地点は、－9810mと表すことができます。

2 海面を基準にして、プラス・マイナスをつけて答えましょう。

① 海面からの高さ2840mの山の地点　（ ＋2840m ）

② 海面下480mの海底の地点　（ －480m ）

③ スカイツリーの海面から高さ600mの地点　（ ＋600m ）

④ 海面下6000mの海底の地点　（ －6000m ）

13 特別ゼミ 正の数・負の数 ②

学習日　月　日　名前

色をぬろう 

1 次の問いに答えましょう。

① 今を基準にして、10分後のことを＋10分と表すことにすれば、今から15分前のことはどう表せますか。　（ －15分 ）

② テストの平均点を基準にして、それよりも6点高い点を＋6点と表すとき、平均点より5点低い点はどう表せますか。　（ －5点 ）

③ 東へ3km進むことを、＋3kmと表すとき、西へ5km進むことはどう表せますか。　（ －5km ）

④ 気温が5℃上がることを＋5℃と表すとき、気温が3℃下がることはどう表せますか。　（ －3℃ ）

このように、中学生になると負の数を学習します。

今まで、数直線は、数0を基準として、右に行くほど大きい数を表しました。

しかし、負の数が加わると、

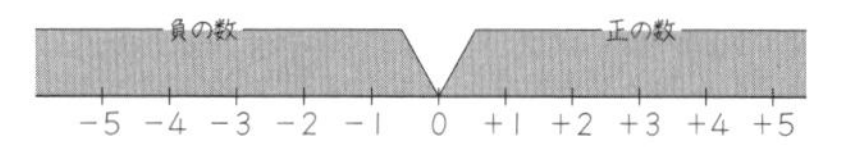

となります。

2 上の数直線を見て、次の数を答えましょう。

① 0より2小さい数。　（ －2 ）

② 0より5小さい数。　（ －5 ）

③ 0より3大きい数。　（ ＋3 ）

13 特別ゼミ 正の数・負の数 ③

学習日　月　日　名前

色をぬろう 

数直線は、0より1小さい数を－1、0より2小さい数を－2、0より3小さい数を－3、0より4小さい数を－4、0より5小さい数を－5としました。

大小の関係は、右に行くほど、大きい数を表しています。

原点

－5 －4 －3 －2 －1 0 ＋1 ＋2 ＋3 ＋4 ＋5

1 上の数直線を見て、不等号をかきましょう。

① 1 ＜ 2　　② 5 ＞ 3

③ 0 ＜ 4　　④ －1 ＜ 0

⑤ －1 ＞ －2　　⑥ －5 ＜ －3

数直線で、ある数を表す点の原点からのきょりをその数の**絶対値**といいます。

－1の絶対値は1です。＋3の絶対値は3になります。

＋や－のことをふ号といいますが、数からふ号を取りのぞいたものが絶対値を表します。

2 次の数の絶対値を答えましょう。

① －8 （ 8 ）　② －12 （ 12 ）

③ ＋4 （ 4 ）　④ ＋7 （ 7 ）

数の大小についてまとめると

1 負の数＜0、0＜正の数。

2 正の数は、その絶対値が大きいほど大きい。

3 負の数は、その絶対値が大きいほど小さい。

13 特別ゼミ 正の数・負の数 ④

学習日　月　日　名前

色をぬろう 

1 次の数量を、正の数、負の数を使って表しましょう。

① 東に3km進むことを＋3kmと表すとき、西に7km進むことはどう表せますか。　（ －7km ）

② 今から20秒後のことを＋20秒と表すとき、30秒前のことはどう表せますか。　（ －30秒 ）

③ 気温が6℃上がることを＋6℃と表すとき、4℃下がることはどう表せますか。　（ －4℃ ）

④ 海面から高さ60mの岩の地点を＋60mと表すとき、海底50mの地点はどう表せますか。　（ －50m ）

2 次の数の絶対値を答えましょう。

① －3 （ 3 ）　② ＋6 （ 6 ）

③ －8 （ 8 ）　④ ＋12 （ 12 ）

3 次の数を答えましょう。

① 絶対値が10である数　（ ＋10，－10 ）

② 絶対値が3.5である数　（ －3.5，＋3.5 ）

4 □にあてはまる不等号をかきましょう。

① －4 ＜ －2　　② ＋1 ＞ 0

③ ＋1.2 ＞ －1.0　　④ $-\frac{1}{2}$ ＜ $+\frac{1}{2}$

13 特別ゼミ 文字式 ①

学習日　月　日　名前

色をぬろう　わからない　だいたいできた　できた！

中学生になると、小学生のときより文字を多く使います。文字はいろいろな数の代表選手だからです。
今から、あなたの誕生日をあてるクイズをします。
電たくを使いますので準備しましょう。

1．あなたの誕生月を電たくに入力してください。
それに4をかけて、8をたしてください。

2．その数に25をかけて、誕生日をたしてください。

3．その数から200をひきます。電たくに表れた数は、あなたの誕生日ですね。

＜種あかし1＞　誕生日が4月10日の場合

1．4×4＋8＝24

2．24×25＋10＝610

3．610－200＝410

（4月10日）

種あかし1では、誕生日が4月10日の人だけですね。
ぼくは11月27日だから、そうはならないと思うよ。こんな意見も出てきますよね。
そこで、なぜそうなるかを文字を使って説明します。

＜種あかし2＞　文字式を使用
誕生月がa（月）で、誕生日がb（日）とします。

1．$a\times4+8$

2．$(a\times4+8)\times25+b$
$=a\times4\times25+8\times25+b$
$=a\times100+200+b$

3．$a\times100+200+b-200$
$=\underline{a}\times100+\underline{b}$

ほらほら、誕生月と誕生日が表れました。
このクイズは、4×25＝100 や、8×25＝200 をわからないように使って誕生月と誕生日の位を分けたのです。

13 特別ゼミ 文字式 ②

学習日　月　日　名前

色をぬろう　わからない　だいたいできた　できた！

「連続する3つの数の和は、3の倍数になる」というものがあります。

たとえば、1＋2＋3＝6

5＋6＋7＝18

9＋10＋11＝30

と、6も、18も、30も、3の倍数になります。
でも、他のもっと大きい数ではちがう結果となることもあるのでは？
と疑問がわきますね。

たとえば、100＋101＋102＝303

113＋114＋115＝342

127＋128＋129＝384

303はすぐに3でわれることは見ぬけます。342や384は、どうですか。
3の倍数の見分け方に、「それぞれの位の数の和が3の倍数なら、もとの数も3の倍数」というのがあります。
3＋4＋2＝9、3＋8＋4＝15 で3の倍数です。

いくらいろいろな数を調べても全部調べたことになりません。そこで、文字を使って説明します。

＜種あかし1＞
連続する3つの数を n、$n+1$、$n+2$ とします。

3つの数の和は
$n+n+1+n+2$　⬅nが3つで n×3
$=n\times3+3$　⬅1＋2＝3
$=n\times3+1\times3$
$=(n+1)\times3$　⬅3の倍数

＜種あかし2＞
連続する3つの数を $n-1$、n、$n+1$ とします。

3つの数の和は
$n-1+n+n+1$　⬅nが3つ　n×3
⬅－1と＋1で0
$=n\times3$　⬅3の倍数

文字は数の代表選手で、とても便利ですね。

基礎から活用まで　まるっと算数プリント　小学6年生

2020年１月20日　発行

●著　者　金井　敬之　他
●企　画　清風堂書店
●発行所　フォーラム・A
〒530−0056　大阪市北区兎我野町15−13
TEL：06(6365)5606／FAX：06(6365)5607
振替　00970−3−127184

●発行者　蒔田　司郎
●表紙デザイン ウエナカデザイン事務所

書籍情報などは
フォーラム・Aホームページまで
http://foruma.co.jp